高等职业院校课程改革项目优秀教学成果
面向"十三五"高职高专教育精品规划教材

建设工程招投标实务

主编 宋 祥 安 冬
主审 武 强

北京理工大学出版社
BEIJING INSTITUTE OF TECHNOLOGY PRESS

内 容 提 要

本书基于建筑市场中招标投标活动与建设工程施工合同综合应用为载体构建课程体系，坚持以工学结合、理论与案例相互对应为原则，在内容和选材方面体现学以致用，保持其系统性以及实用性，全面贯彻新技术、新规范，力求内容精炼、便于理解掌握。全书内容主要包括5个项目，分别为招标公告，招标文件，投标文件，开标、评标与定标，合同等。

本书可作为高职高专院校建筑工程技术等相关专业的教材，也可供从事建设工程招标投标活动的专业技术人员参考使用。

版权专有　侵权必究

图书在版编目（CIP）数据

建设工程招投标实务 / 宋祥，安冬主编. —北京：北京理工大学出版社，2018.6（2018.7重印）

ISBN 978-7-5682-5670-4

Ⅰ. ①建… Ⅱ. ①宋… ②安… Ⅲ. ①建筑工程－招标－高等学校－教材 ②建筑工程－投标－高等学校－教材 ③建筑工程－合同－管理－高等学校－教材 Ⅳ. ①TU723

中国版本图书馆CIP数据核字（2018）第105157号

出版发行 / 北京理工大学出版社有限责任公司
社　　址 / 北京市海淀区中关村南大街5号
邮　　编 / 100081
电　　话 / （010）68914775（总编室）
　　　　　（010）82562903（教材售后服务热线）
　　　　　（010）68948351（其他图书服务热线）
网　　址 / http://www.bitpress.com.cn
经　　销 / 全国各地新华书店
印　　刷 / 北京紫瑞利印刷有限公司
开　　本 / 787毫米×1092毫米　1/16
印　　张 / 7　　　　　　　　　　　　　　　　　责任编辑 / 申玉琴
字　　数 / 75千字　　　　　　　　　　　　　　　文案编辑 / 申玉琴
版　　次 / 2018年6月第1版　2018年7月第2次印刷　　责任校对 / 周瑞红
定　　价 / 28.00元　　　　　　　　　　　　　　　责任印制 / 边心超

图书出现印装质量问题，请拨打售后服务热线，本社负责调换

前 言

随着建筑市场的快速发展，建筑施工企业对负责招标或者投标岗位的人才需求也越来越多。在竞争日益激烈的建筑市场环境下，建筑施工企业对工程招标投标人员工作能力的要求也越来越高，急需生产、建造、管理、服务等一线的技术应用型人才。本书即通过对学生进行工程招标投标实训，使其将课堂学到的有关招标投标理论知识与实践结合起来，为毕业以后进行实际工作打下良好基础。

对于任何建设工程项目，建设单位的目标都是选择优秀的承包商，以便高质量地完成项目的建设工作，而承包商的目标则是选择能充分发挥自身优势的工程项目并获得施工任务。在工程建设过程中，如何运用规范、公平、公正的合同条件来协调双方的经济利益关系，如何通过高水平的合同管理工作保障建设工程顺利实施，《建设工程招投标实务》一书就是为解决这些问题而编制的。

本书内容分为5个项目，分别为招标公告，招标文件，投标文件，开标、评标与定标，合同等。本次实训在传统实训的目标任务上，灵活应用二维码等知识，利用不同形式充分展示招标投标知识的系统性、开放性、先进性和实用性。在每个实训任务前通过案例导入来解决实际问题，将枯燥的概念变得通俗易懂，并且提高学生解决实际问题的能力。

本书由陕西工业职业技术学院宋祥、安冬担任主编，并进行全书编写的统筹工作。具体编写分工为：项目1、项目4、项目5、附录由宋祥编写；项目2、项目3由安冬编写。全书由陕西工业职业技术学院武强主审。

在本书编写过程中，我们收集和引用了很多招标投标方面的信息、资料和论著，以便更加全面地分析建设工程招标投标的内容。由于编写时间仓促，书中仍然存在很多不足和疏漏之处，敬请读者批评指正，并将宝贵意见反馈给我们。

编　者

目　录

实训总体安排 …………………………………………………… 1

项目 1　招标公告 ………………………………………………… 3

项目 2　招标文件 ………………………………………………… 17

项目 3　投标文件 ………………………………………………… 27

项目 4　开标、评标与定标 ……………………………………… 50

项目 5　合同 ……………………………………………………… 77

附录 ………………………………………………………………… 97

参考文献 …………………………………………………………… 106

实训总体安排

在完成"建筑工程概预算及工程量清单""施工组织设计""建设工程招投标与合同管理"等课程的学习之后，通过开展工程项目招标投标实训，能够提高学生动手能力和职业素养，培养学生团队协作的精神和较强的工作责任心，熟练掌握招标文件、投标文件的编制，培养学生发现问题、解决问题的能力。

一、时间安排

工程招标投标综合实训时间安排表（实训时间：一周）

时间安排	项目任务
星期一	招标公告
星期二	招标文件
星期三	投标文件
星期四	开标、评标与定标
星期五	合同

二、实训任务及内容

1. 根据附录资料编制招标公告。
2. 按标准文件等的要求完成各阶段的招标投标文件编制。
3. 学生根据实训指导教师随机安排参与角色体验，模拟开标、评标、定标过程。
4. 合同的编制。

三、考核标准

1. 成果：内容完整、格式规范的招标公告、招标文件或投标文件。
2. 鉴定方法：以每份文件的内容、格式的质量为考核内容。
3. 评定标准：分为优秀、良好、中等、及格和不及格五个等级；在全部投标人中中标人所在小组同学可以给予优秀成绩，充分体现团队成绩。
4. 考核比重：内容考核比重占70%；格式考核比重占20%；态度考核占10%。

项目 1　招标公告

案例导入

某采购代理机构受采购人委托，就某货物项目进行公开招标。2016年7月1日，代理机构在财政部门指定媒体发布了招标公告，规定购买招标文件的期限为2016年7月1日—8日，投标截止时间和开标时间为2016年7月22日上午10时。

A公司于2016年7月8日购买了招标文件，7月19日向代理机构递交了投标文件，同时提出书面质疑，认为招标文件中规定的"投标人注册资金为500万元以上"资格条件不符合相关规定。

代理机构收到质疑后，与采购人进行沟通，采购人认为可以根据实际需要规定供应商的特定条件，不认为招标文件存在问题。2016年7月21日，代理机构向A公司作出答复，称招标文件规定的"投标人注册资金为500万元以上"资格条件是根据采购人的特殊需求提出的，符合相关规定。7月22日，代理机构组织了开评标活动。A公司通过了资格性审查，但根据招标文件规定的评审标准，B公司排名第一。7月25日，代理机构将评审报告送交采购人。7月29日，采购人确定B公司为中标供应商。

同日，代理机构发布了中标公告。8月1日，A公司以招标文件规定的"投标人注册资金为500万元以上"资格条件不合法为由，向财政部门进行投诉，财政部门予以受理。

问题：

（1）中标公告发布后还可以对招标文件进行投诉吗？

（2）A公司满足招标文件规定的资格条件，权益受到损害了吗？

教师评分：

一、技能要求

（1）了解招标的概念及特点；

（2）熟悉招标方式及其优缺点，以及适用范围；

（3）掌握招标程序；

（4）编制招标公告。

二、实训内容

《中华人民共和国招标投标法》（以下简称《招标投标法》）指出，凡在中华人民共和国境内进行的建设工程项目，包括项目的勘察、设计、施工、监理以及与工程建设有关的重要设备、材料等的采购，必须进行招标。

建设工程招标是指建设单位对拟建的工程发布公告，通过法定的程序和方式吸引建设项目承包单位竞争并从中选择条件优越者来完成工程建设任务的法律行为。

1. 建筑业企业资质等级标准

建筑业企业资质等级标准是建筑业企业资质的一个分级标准。

依法取得工商行政管理部门颁发的《企业法人营业执照》的企业，在中华人民共和国境内从事土木工程，建筑工程，线路管道设备安装工程，装修工程的新建、扩建、改建等活动，应当申请建筑业企业资质。

中华人民共和国住房和城乡建设部于2014年11月6日通过了《建筑业企业资质标准》（建市〔2014〕159号），于2015年1月1日起实施，2016年10月14日发布通知进行修订，其是根据相关法律法规所制定的，目的是加强对建筑活动的监督管理，维护公共利益和建筑市场秩序，保证建设工程质量安全。

《建筑业企业资质标准》分三部分：施工总承包序列资质标准（包括12个类别）、专业承包序列资质标准（包括36个类别）、施工劳务序列资质标准（不分类别）。

建筑工程施工总承包资质标准

（1）一级资质标准。

1）企业资产：净资产1亿元以上。

2）企业主要人员：

①建筑工程、机电工程专业一级注册建造师合计不少于12人，其中建筑工程专业一级注册建造师不少于9人。

②技术负责人具有10年以上从事工程施工技术管理工作经历，且具有结构专业高级职称；建筑工程相关专业中级以上职称人员不少于30人，且结构、给水排水、暖通、电气等专业齐全。

③持有岗位证书的施工现场管理人员不少于50人，且施工员、质量员、安全员、机械员、造价员、劳务员等人员齐全。

④经考核或培训合格的中级工以上技术工人不少于150人。

3）企业工程业绩：近5年承担过下列4类中的2类工程的施工总承包或主体工程承包，工程质量合格。

①地上25层以上的民用建筑工程1项或地上18～24层的民用建筑工程2项；

②高度100m以上的构筑物工程1项或高度80～100m（不含）的构筑物工程2项；

③建筑面积 3 万 m^2 以上的单体工业、民用建筑工程 1 项或建筑面积 2 万～3 万 m^2（不含）的单体工业、民用建筑工程 2 项；

④钢筋混凝土结构单跨 30 m 以上（或钢结构单跨 36 m 以上）的建筑工程 1 项或钢筋混凝土结构单跨 27～30 m（不含）或钢结构单跨 30～36 m（不含）的建筑工程 2 项。

（2）二级资质标准。

1）企业资产：净资产 4 000 万元以上。

2）企业主要人员：

①建筑工程、机电工程专业注册建造师合计不少于 12 人，其中建筑工程专业注册建造师不少于 9 人。

②技术负责人具有 8 年以上从事工程施工技术管理工作经历，且具有结构专业高级职称或建筑工程专业一级注册建造师执业资格；建筑工程相关专业中级以上职称人员不少于 15 人，且结构、给水排水、暖通、电气等专业齐全。

③持有岗位证书的施工现场管理人员不少于 30 人，且施工员、质量员、安全员、机械员、造价员、劳务员等人员齐全。

④经考核或培训合格的中级工以上技术工人不少于 75 人。

3）企业工程业绩：近 5 年承担过下列 4 类中的 2 类工程的施工总承包或主体工程承包，工程质量合格。

①地上 12 层以上的民用建筑工程 1 项或地上 8～11 层的民用建筑工程 2 项；

②高度 50 m 以上的构筑物工程 1 项或高度 35～50 m（不含）的构筑物工程 2 项；

③建筑面积1万 m^2 以上的单体工业、民用建筑工程1项或建筑面积0.6万～1万 m^2（不含）的单体工业、民用建筑工程2项；

④钢筋混凝土结构单跨21 m以上（或钢结构单跨24 m以上）的建筑工程1项或钢筋混凝土结构单跨18～21 m（不含）或钢结构单跨21～24 m（不含）的建筑工程2项。

（3）三级资质标准。

1）企业资产：净资产800万元以上。

2）企业主要人员：

①建筑工程、机电工程专业注册建造师合计不少于5人，其中建筑工程专业注册建造师不少于4人。

②技术负责人具有5年以上从事工程施工技术管理工作经历，且具有结构专业中级以上职称或建筑工程专业注册建造师执业资格；建筑工程相关专业中级以上职称人员不少于6人，且结构、给水排水、电气等专业齐全。

③持有岗位证书的施工现场管理人员不少于15人，且施工员、质量员、安全员、机械员、造价员、劳务员等人员齐全。

④经考核或培训合格的中级工以上技术工人不少于30人。

⑤技术负责人（或注册建造师）主持完成过本类别资质二级以上标准要求的工程业绩不少于2项。

建筑工程施工承包范围

（1）一级资质。可承担单项合同额3 000万元以上的下列建筑工程的施工：

1）高度200 m以下的工业、民用建筑工程；

2）高度 240 m 以下的构筑物工程。

（2）二级资质。可承担下列建筑工程的施工：

1）高度 100 m 以下的工业、民用建筑工程；

2）高度 120 m 以下的构筑物工程；

3）建筑面积 4 万 m^2 以下的单体工业、民用建筑工程；

4）单跨跨度 39 m 以下的建筑工程。

（3）三级资质。可承担下列建筑工程的施工：

1）高度 50 m 以下的工业、民用建筑工程；

2）高度 70 m 以下的构筑物工程；

3）建筑面积 1.2 万 m^2 以下的单体工业、民用建筑工程；

4）单跨跨度 27 m 以下的建筑工程。

注：

（1）建筑工程是指各类结构形式的民用建筑工程、工业建筑工程、构筑物工程以及相配套的道路、通信、管网管线等设施工程。工程内容包括地基与基础、主体结构、建筑屋面、装修装饰、建筑幕墙、附建人防工程以及给水排水及供暖、通风与空调、电气、消防、智能化、防雷等配套工程。

（2）建筑工程相关专业职称包括结构、给水排水、暖通、电气等专业职称。

（3）单项合同额 3 000 万元以下且超出建筑工程施工总承包二级资质承包工程范围的建筑工程的施工，应由建筑工程施工总承包一级资质企业承担。

2．招标方式

《招标投标法》指出，招标的方式有两种：

招标方式

公开招标和邀请招标。

思考1：在国际工程中，通常采用的招标方式大体分为两类：一类是竞争性招标，另一类是非竞争性招标。对于这两种形式，你了解多少？

3. 招标程序

建设工程招标的程序一般包括三个阶段，即招标准备阶段、招标投标阶段和定标签约阶段。

招标的一般程序如下：

（1）办理工程项目报建；

（2）自行招标或委托招标；

（3）选择招标方式；

（4）编制招标有关文件和招标控制价（标底）；

（5）办理招标备案手续；

（6）招标人发布招标公告或递送投标邀请书；

（7）资格审查；

（8）发放招标文件；

（9）组织现场踏勘；

（10）标前预备会；

（11）接收投标文件；

（12）开标、评标、定标；

（13）签订合同。

思考2：以上是招标的一般程序，二维码中的知识你理解了吗？根据所学知识，你能列出完

招标程序

整的招标流程（图示）吗？

4. 招标公告

招标公告是指招标单位或招标人在进行科学研究、技术攻关、工程建设、合作经营或大宗商品交易时，公布标准和条件，提出价格和要求等项目内容，以期从中选择承包单位或承包人的一种文书。

招标公告中包括内容较多，主要内容有：

（1）招标人的名称、地址，招标项目名称；

（2）招标项目的性质、数量；

（3）实施地点和时间；

（4）投标截止时间和开标时间；

（5）投标人的资质条件；

（6）获取资格预审文件、招标文件的办法等。

三、实训成果

1. 分组

要求每6人或8人分为一大组，每组选定一位组长。每个大组再进行分解，以每2人为一小组。在分配任务后，每位成员要积极配合，组长进行监督。

分组：

2. 解答

序号	任务及问题	解答
1	按照不同分类方法，招标公告有哪些种类？请举例说明	
2	必须进行招标的工程建设项目范围包括哪些？请进行解释说明	

续表

序号	任务及问题	解答
3	列举招标人或其委托的招标代理机构有哪些行为，会由国家发展计划委员会和有关行政监督部门视情节依照《招标投标法》第四十九条、第五十一条的规定进行处罚	

3. 思考（1、2）

思考1：

思考2：

互评得分：

4. 招标公告

根据附录资料，编制一份招标公告，要求根据资料中内容，由指导老师指定任意一部分施工段（施工段选择可以是Ⅰ、Ⅱ、Ⅲ、Ⅰ+Ⅱ、Ⅰ+Ⅲ，Ⅰ+Ⅱ+Ⅲ任意一种形式），每人完成一份招标公告（要求：按照招标公告的标准格式）。

招标公告范本

项目 2　招标文件

案例导入

某房地产公司计划在西安市西咸新区开发 60 000 m² 的住宅项目，可行性研究报告已经通过国家发改委批准，资金为自筹方式，资金尚未完全到位，仅有初步设计图纸，在此情况下组织编制招标文件，采用公开招标的方式进行施工招标。

问题：

（1）建设工程施工招标的必备条件有哪些？

（2）本项目在上述条件下是否可以进行施工招标？

（3）招标文件的主要内容有什么？

一、技能要求

（1）熟悉标准施工招标资格预审文件的内容；

（2）熟悉标准施工招标文件的内容及格式；

（3）掌握招标资格审查的步骤及方法；

（4）熟练掌握施工招标文件的主要内容，并能编写施工招标文件；

（5）熟练掌握建设工程施工招标的主要工作内容及主要程序。

二、实训内容

招标文件是招标人向潜在投标人发出并告知项目需求、招标投标活动规则和合同条件等信息的要约邀请文件，是项目招标投标活动的主要依据，对招标投标活动各方均具有法律约束力。

1．招标文件的组成

招标文件按照功能作用可以分成三部分：

（1）招标公告或投标邀请书、投标人须知、评标办法、投标文件格式等，主要阐述招标项目需求概况和招标投标活动规则，对参与项目招标投标活动各方均有约束力，但一般不构成合同文件；

（2）工程量清单、设计图纸、技术标准和要求、合同条款等，全面描述招标项目需求，既是招标投标活动的主要依据，也是合同文件构成的重要内容，对招标人和中标人具有约束力；

（3）参考资料，供投标人了解分析与招标项目相关的参考信息，如项目地址、水文、地质、气象、交通等参考资料。

思考1：招标方式分为公开招标和邀请招标。请问这两种方式的招标文件组成一样吗？有什么异同？

2. 招标文件主要内容

《标准施工招标文件》包括封面格式和四卷八章的内容。

招标文件组成

第一卷　第一章　招标公告
　　　　第二章　投标人须知
　　　　第三章　评标办法
　　　　第四章　合同条款及格式
　　　　第五章　工程量清单
第二卷　第六章　图纸
第三卷　第七章　技术标准和要求
第四卷　第八章　投标文件格式

思考2：什么是投标人须知？投标人须知的主要内容有哪些？

招标人须知

3. 招标代理机构

招标代理机构是指依法设立、受招标人委托代为组织招标活动并提供相关服务的社会中介组织。中国是从20世纪80年代初开始进行招标投标活动的，最初主要是利用世界贷款进行项目招标。由于一些项目单位对招标投标知之甚少，缺乏专门人才和技能，一批专门从事招标业务的机构产生了。1984年成立的中国技术进出口总公司国际金融组织和外国政府贷款项目招标公司（后改为中技国际招标公司）是中国第一家招标代理机构。

随着招标投标事业的不断发展，国际金融组织和外国政府贷款项目招标等行业都成立了专职的招标机构，在招标投标活动中发挥了积极的作用。目前全国共有专门从事招标代理业务的机构数百家，这些招标代理机构拥有专门的人才和丰富的经验，对于那些招标项目不多或自身力量薄弱的项目单位来说，具有很大的吸引力。为充分发挥代理机构在招标投标中的作用，促进其健康快速发展，《招标投标法》第十二条第一款规定："招标人有权自行选择招标代理机构，委托其办理招标事宜。"须要强调的是，"自行选择"是指招标人在代理机构的选择问题上有绝对的自主权，不受其他组织或个人的影响、干预，任何单位和个人以任何方式为招标人指定招标代理机构的，招标人有权拒绝。为此，本款最后一句特别强调："任何单位和个人不得以任何方式为招标人指定招标代理机构。"

招标代理机构的成立条件：

（1）无论是哪种组织形式的代理机构都必须有固定的营业场所以便于开展招标代理业务。

（2）有与其所代理的招标业务相适应的能够独立编制有关招标文件、有效组织评标活动的专业队伍和技术设施，包括有熟悉招标业务所在领域的专业人员，有提供行业技术信息的情报手段及有一定的从事招标代理业务的经验等。

（3）应当备有依法可以作为评标委员会成员人选的技术、经济等方面的专家库，其中，所储备的专家均应当从事相关领域工作8年以上并具有高级职称或者具有同等专业水平。

4. 资格审查

资格审查分为资格预审和资格后审。资格预审是指在招标投标活动中，招标人在发放招标文件前，对报名参加投标的申请人的承包能力、业绩、资格和资质、历史工程情况、财务状况和信誉等进行审查，并确定合格的投标人名单的过程。资格后审是指在开标后对投标人进行的资格审查。进行资格预审的，一般不再进行资格后审，但招标文件另有规定的除外。采取资格预审的，招标人应当发布资格预审公告，招标人应当在资格预审文件中载明资格预审的条件、标准和方法；采取资格后审的，招标人应当在招标文件中载明对投标人资格要求的条件、标准和方法。

资格预审程序：

（1）编制资格预审文件。由招标人组织有关专家人员编制资格预审文件，也可委托设计单位、咨询公司编制。资格预审文件的主要内容有：工程项目简介、对投标人的要求、各种附表。资格预审文件须报招标管理机构审核。

（2）在建设工程交易中心及政府指定的报刊、网络发布工程招标信息，刊登资格预审公告。资格预审公告的内容应包括：工程项目名称，资金来源，工程规模，工程量，工程分包情况，投标人的合格条件，购买资格预审文件日期、地点和价格，递交资格预审文件的日期、时间和地点。

（3）报送资格预审文件。投标人应在规定的截止时间前报送资格预审文件。

（4）评审资格预审文件。由招标人负责组织评审小组，包括财务、技术方面的专门人员对资格预审文件进行完整性、有效性及正确性的资格预审。

（5）向投标人通知评审结果。招标人应向所有参加资格预审的投标人公布评审结果。

三、实训成果

1. 解答

	任务及问题	解答
1	资格审查的主要内容包括哪些	
2	资格审查的程序是什么	

续表

	任务及问题	解答
3	施工招标应该具备哪些条件	
4	哪些情况下可以不进行施工招标	

续表

	任务及问题	解答
5	招标文件的主要内容有哪些	
6	招标方式有哪些?各有什么优缺点	
7	资格预审的基本程序是什么	

2. 编制招标文件

编制一份招标文件（招标文件格式不限，组内查找相应范本进行编制，要求内容完整），根据附录资料，每大组编制一份招标文件。具体要求如下：

（1）从组内选择一份较好的招标公告（指导老师进行直接指定）作为编制招标文件的依据，以招标人或招标代理人的名义合作编制一份招标文件。由组长对实训任务进行分工，明确各自责任，保质保量地完成任务。

（2）关于招标文件中的评标方法最好采用综合评估法，评标因素按照工期、施工质量、投标报价、施工组织设计进行组织（给定具体比例），这样有利于评标的实施，能够较好地选定中标人。

项目 3　投标文件

案例导入

云南建工集团拟建设一幢办公楼。在公司慎重考虑下采用公开招标方式选择施工单位，投标保证金有效期同投标有效期，提交投标文件截止时间为 2016 年 6 月 30 日。该公司于 2016 年 4 月 6 日发出招标公告，后有 A、B、C、D、E 等 5 家建筑施工单位参加了投标，E 单位由于工作人员疏忽于 7 月 2 日提交投标保证金。开标会于 7 月 3 日由该省住建厅主持，D 单位在开标前向招标公司要求撤回投标文件。经过综合评选，最终确定 B 单位中标。双方按规定签订了施工承包合同。

问题：

（1）E 单位的投标文件按要求应如何处理？为什么？

（2）对 D 单位撤回投标文件的要求应当如何处理？为什么？

（3）采用小组讨论方式说明上述招标投标程序中，有哪些不妥之处？理由是什么？

教师评分：

一、技能要求

(1) 了解投标的概念，熟悉招标信息的获取方式与筛选运用；

(2) 掌握投标决策的相关内容；

(3) 熟悉投标前的资格预审、投标工作小组的成立以及对投标文件的研究工作；

(4) 掌握投标策略与投标报价技巧，并能依据招标情况灵活运用；

(5) 了解投标文件内容、组成以及格式要求；

(6) 掌握投标文件的编制程序，并且完成一份完整的投标文件；

(7) 编制商务标和技术标。

二、实训内容

1. 投标的程序

投标既是一项决策工作，又是一种法律行为，必须按照法律规定的程序和方法，满足招标文件的各项要求，遵守有关法律法规的规定，在规定的招标时间内进行公平、公正的竞争，保证投标的公平合理性与中标的可能性。

投标的基本做法：投标人首先取得招标文件，认真分析研究后（在现场实地考察），编制投标书。投标书实质上是一项有效期至规定开标日期为止的发盘或初步施工组织设计方案，内容必须十分明确，中标后与招标人签订合同所要包含的重要内容应全部列入，并在有效期内不得撤回标书、变更标书报价或对标书内容作实质性修改。为防止投标人在投标后撤标或在中标后拒不签订合同，招标人通常都要求投标人提供一定比例或金额的投标保证金。招标人决定中标人后，未中标的投标人已缴纳的保证金即予退还。

招标人或招标代理机构须在签订合同后两个工作日内向交易中心提交《退还中标人投标保证金的函》。交易中心在规定的五个工作日内办理退还手续。

投标的一般程序如下：

（1）收集招标信息资料，并调查研究；

（2）前期投标决策；

（3）参加资格预审；

（4）购买和研究投标文件；

（5）组建投标工作小组；

（6）现场勘察并参加投标预备会；

（7）确定施工方案，核算工作量；

（8）确定投标策略和报价技巧；

（9）编制投标文件和投标报价；

（10）办理投标担保；

（11）提交投标文件；

（12）参加开标会；

（13）等候中标通知书，签订合同。

思考1：以上是投标的一般程序。招标投标工作非常复杂，根据所学知识，你能列出完整的招标投标工作流程（图示）吗？

招投标工作流程

2. 投标工作小组

投标人员构成:

(1) 投标决策人。一般由企业经营部经理担任。投标人通过投标取得项目,是市场经济条件下的必然。但是,对于投标人来说,并不是每标必投,因此投标人要想在投标中获胜,即中标得到承包工程,然后又要从承包工程中赢利,就需要研究投标决策的问题。所谓投标决策,包括三方面内容:

其一,针对工程项目招标,是投标还是不投标;

其二,倘若去投标,是投什么性质的标;

其三,投标中如何采用以长制短、以优胜劣的策略和技巧。

投标决策的正确与否关系到能否中标和中标后的效益,关系到施工企业的发展前景和职工的经济利益。因此,企业的决策班子必须充分认识到投标决策的重要意义,把这一工作摆在企业的重要议事日程上。

(2) 技术负责人。一般由投标企业总工程师或部门工程师担任。主要是根据投标项目特点、项目环境情况以及技术设计的要求制订施工方案和施工措施。对于建设项目,技术负责人主要针对全部施工组织设计内容进行待查研究。技术复杂的项目对技术文件的编写内容及格式均有详细要求,技术负责人应当认真按照规定填写标书文件中的技术部分,包括技术方案,产品技术资料,实施计划等。

(3) 投标报价负责人。一般由经营部造价工程师担任。主要负责复核清单工程量,进行工程项目的成本单价和综合单价分析,为投标报价决策提出建议和依据。同时,投标报价负责人负责与设计方案相对应的具体产品报价及报价说明，主要是预算报价部分，即结合自身和外界条件对整个工程的造价进行报价。投标报价产生差异的因素一般有：

1）工程量的差异：建筑装饰变化多，经常出现定额中没有的项目，如异形装饰。定额以外的项目工程量有高低之差，怎样既能体现设计意图又要降低成本。

2）材料的价差：材料在整个造价中占到40%～50%，按照设计要求选用同一品种材料价差很大，对工程造价影响较大。

3）取费高低：国家现在是指导费率，企业管理水平不同，费用也不同。

4）利润高低：企业在投标中有的承诺让利，企业结合工程情况取利有高有低，例如，有的企业由于淡季或招标人还有后续工程而让利，投标中要做到知此知彼，确定利润率。

（4）综合资料负责人。一般由行政部经理担任。主要负责资格审查材料的整理，签署法人证明，负责投标书的汇总、整理、装订、盖章、密封工作。其具体负责以下工作内容：

1）法定代表人身份证明；

2）法人授权委托书（正本为原件）；

3）投标函；

4）投标函附录；

5）投标保证金交存凭证复印件；

6）对招标文件及合同条款的承诺及补充意见；

7）工程量清单计价表；

8）投标报价说明；

9）报价表（又称投标一览表）；

10）投标文件电子版（u 盘或光盘）；

11）企业营业执照、资质证书、安全生产许可证等。

思考 2：在招标投标过程中，监督管理机构起着重要作用。要保证投标顺利进行，使得投标工作实现公平、公正、公开、诚实信用原则，管理机构的主要职责有哪些？

管理机构职责

3. 投标报价

投标策略

为适应我国社会主义市场经济体制的发展和完善，尽快与国际惯例接轨，住房和城乡建设部第 16 号令发布了《建筑工程施工发包与承包计价管理办法》，明确投标人可以采用工程量清单报价的方法；投标报价应当依据工程量清单、工程计价有关规定、企业定额和市场价格信息等编制。通过参加工程投标承接工程是施工企业获取工程的主要途径，而在工程投标过程中投标报价是整个过程的核心。报价过高，则可能因为超出"最高限价"而丢失中标机会；报价过低，则可能因为低于"合理低价"而成为废标；或者即使中标，也可能会给企业带来亏本的风险。因此，投标单位应针对工程的实际情况，凭借自己的实力，并正确运用投标报价的策略与技巧来达到中标的目的，从而给企业带来较好的经济效益和社会效益。

投标策略是投标竞争的方式和手段，采用正确合理的策略可以增加中标的概率。投标策略的运用应当以工程项目的三大目标为出发点，在保证工程质量和合理工期的前提下降低工程造价，遵循"把握形势,以己之长,胜彼之短,争取主动,随机应变"的基本原则,灵活掌握、综合运用投标策略,并且不断总结经验,争取在投标中取胜。

(1)生存型策略。投标报价以克服生存危机为目标而争取中标,可以不考虑各种影响因素。

由于社会、政治、经济环境的变化和投标人自身经营管理不善,都可能造成投标人的生存危机。以下三种情况,投标人应采取生存型报价策略。

其一,企业的经济状况较差,可参与的投标工程项目减少。

其二,政府调整基建投资方向,使某些投标人擅长的工程项目减少,这种危机常常危害到营业范围单一的专业工程投标人。

其三,投标人经营管理不善,投标邀请越来越少。这时投标人应以生存为重,采取不盈利甚至赔本也要夺标的态度,只要能暂时维持生存渡过难关,就会有东山再起的希望。

(2)竞争型策略。投标报价以竞争为手段,以开拓市场、低盈利为目标,在精确计算成本的基础上,充分估计各竞争对手的报价,以有竞争力的报价达到中标的目的。

投标人处在以下几种情况下,应采取竞争型报价策略:

其一,经营状况不景气,近期接收到的投标邀请较少;

其二,竞争对手有威胁性;

其三,试图打入新的地区;

其四,开拓新的工程施工类型;

其五,投标项目风险小、施工工艺简单、工程量大、社会效益好。

（3）盈利型策略。这种策略是投标报价充分发挥自身优势，以实现最佳盈利为目标，对效益较小的项目热情不高，对盈利大的项目充满自信。

下面两种情况可以采用盈利型报价策略：

其一，投标人在该地区已经打开局面、施工能力饱和、信誉度高、竞争对手少、具有技术优势并对招标人有较强的名牌效应、投标人的目标主要是扩大影响；

其二，施工条件差、难度高、资金支付条件不好、工期质量等要求苛刻的项目。

报价技巧

投标报价策略与技巧是建筑企业经营管理能力的重要体现，也是实现其整体经营战略目标的手段。投标与否，投何种性质的标以及如何运用投标报价的策略与技巧等问题，是建筑施工企业能否在工程项目投标竞争中获胜的关键问题。

在建筑施工市场上，招标投标已经成为市场的主要交易方式。实行招标投标，对建筑施工企业加强经营管理，缩短建设周期，确保工程质量，控制工程造价，优化资源配置等起着重要的作用。目前，建筑施工企业承揽工程项目的主要途径就是参加投标，而投标报价是进行工程项目投标的核心，它直接关系到建筑施工企业的生产经营绩效，是建筑企业赢得业务从而生存和发展的一个关键环节，而投标报价策略与技巧是建筑企业经营管理能力的重要体现，也是实现其整体经营战略目标的手段。

报价技巧是指在投标报价中投标人所采用的让招标人可以接受，中标后又能获得更多的利润的投标手段。投标人在工程投标时，主要应该在先进合理的技术方案和较低的投标价格上下功夫，以争取中标。但是还有其他一些投标技巧对于中标有很大辅助性的作用。这里简述常用的报价技巧：

（1）不平衡报价。不平衡报价指在总价基本确定的前提下，如何调整内部各个子项的报价，以期既不影响总报价，又在中标后投标人可尽早收回垫支于工程中的资金和获取较好的经济效益。但要注意避免因出现畸高畸低现象而失去中标机会。

不平衡报价对投标人可以降低一定的风险，但报价必须要建立在对工程量清单表中的工程量仔细核对的基础上，特别是对于降低单价的项目，如工程量一旦增多，将造成投标人的重大损失，所以一定要控制在合理的幅度范围内，一般控制在10%以内，以免引起招标人反对，甚至导致个别清单报价不合理而废标。如果不注意这一点，有时招标人会挑选出报价过高的项目，要求投标人进行单价分析，进而围绕单价分析中过高的内容压价，以致投标人得不偿失。

（2）多方案报价法。多方案报价法是指利用工程说明书或合同条款不够明确之处，以争取达到修改工程说明书和合同为目的的一种报价方法。当工程说明书或合同条款有一些不够明确之处时，往往使投标人承担较大风险。为了减少风险就必须扩大工程单价，增加"不可预见费"，但这样做又会因报价过高而增加被淘汰的可能性。多方案报价法就是为对付这种两难局面而出现的。

有时招标文件中规定，可以提一个建议方案。如果发现有些招标文件工程范围不很明确，条款不清楚或不很公正，技术规范要求过于苛刻时，则要在充分估计风险的基础上，按多方案报价法处理，即按原招标文件报一个价，然后再提出如果某条款作某些变动，报价可降低的额度。这样可以降低总报价，吸引招标人。投标人这时应组织一批有经验的设计和施工工程师，对原招标文件的设计方案仔细研究，提出更合理的方案以吸引招标人，促成自己的方案中标。这种新的建议可以降低总造价或提前竣工。但要注意的是对原招标方案一定也要报价，以供招标人比较。

（3）突然降价法。突然降价法是指在投标最后截止时间内，采取突然降价的手段，确定最终报价的方法。它强调的是时间效应。

报价是一项保密的工作，但是对手往往会通过各种渠道、手段来刺探情报，因此，用此法可以在报价时迷惑竞争对手，即先按一般情况报价或表现出自己对该工程兴趣不大，到快要投标截止时，才采取突然降价的策略。采用这种方法时，一定要在准备投标报价的过程中考虑好降价的幅度，在临近投标截止日期前，根据情况信息与分析判断，再作最后的决策。采用突然降价法往往降低的是总价，而要把降低的部分分摊到各清单项目内，可采取不平衡报价法进行，以期取得更高的效益。例如，鲁布革水电站引水系统工程招标时，日本大成公司知道主要竞争对手是前田公司，因而在临近开标前把总报价降低8.04%，取得最低标价，从而中标。

（4）先亏后盈法。先亏后盈法是指投标人为了开辟某一市场而不惜代价的低价中标方案。适用于以下两种情况：

1）为了占领某一市场，或为了在某一地区打开局面，不惜代价只求中标，先亏是为了占领市场，等打开局面后，就会带来更多的盈利；

2）在大型分期建设的工程项目的系列招标活动中，先以低价争取到小项目或先期项目，然后再利用由此形成的经验以及建立的信誉等竞争优势，从大项目或二期项目的中标收入来弥补前面的亏空并盈利。

采取这种手段的投标人必须有较好的资信条件，提出的施工方案要先进可行，并且标书做到了"全面响应"。与此同时，要加强对公司优势的宣传力度，让招标人对拟定的施工方案感到满意，并且认为标书中就如何满足招标文件提出的工期、质量、环保等要求的措施切实可行。否则即使报价再低，招标人也不一定选用，而且评标人也会认为标书中存在重大的缺陷。

（5）扩大标价法。扩大标价法是指投标人针对招标项目中的某些要求不明确、工程量出入较大等有可能承担重大风险的部分提高报价，从而规避意外损失的一种投标技巧。扩大标价法除了按已知的正常条件编制标价外，对工程中变化大或没有把握的分部分项工程，采用扩大单价或增加风险费的方法来减少中标的风险，保证企业盈利，但这种报价方法往往目标价高而不易中标。

（6）联合体投标法。联合体投标法是指两个以上法人或者其他组织组成一个联合体，以一个投标人的身份共同投标。实践中，大型复杂项目，对资金和技术要求比较高，单靠一个投标人的力量不能顺利完成的，可以联合几家企业集中各自的优势以一个投标人的身份参加投标。联合体内部成员是相对松散的独立单位，法律或者招标文件对投标人资格条件有要求的，联合体各方均应具备规定的相应的资格条件，而不能相互替代。

案例讨论

某承包商通过资格预审后，对招标文件进行了仔细分析，发现业主所提出的工期要求过于苛刻，且合同条款中规定每拖延1天工期罚款合同价的1%。若要保证实现该工期要求，必须采取特殊措施，从而大大增加成本；还发现原设计方案采用框架-剪力墙体系过于保守。因此，该承包商在投标文件中说明业主的工期难以实现，因而按自己估算的合理工期（比业主要求的工期增加6个月）编制施工进度计划和据此报价；还建议将框架-剪力墙体系改为框架体系，并对这两种结构体系进行了技术分析和比较，证明框架体系不仅能保证工程结构的可靠性和安全性，增加使用面积，提高空间利用的灵活性，而且可降低造价约3%。

该承包商将技术标和商务标分别封装，在封口处加盖本单位公章和项目经理签字后，在投标截止日前1天上午将投标文件报送招标单位。次日（即投标截止日当天）下午，在规定的投标截止时间前1小时，该承包商又递交了一份补充材料，其中声明将原报价降低4%，但是招标单位的有关工作人员认为，根据国际上"一标一投"的惯例，一个承包商不得递交两份投标文件，因而拒收承包商的补充材料。

开标会由政府招标办公室的工作人员主持，公证处有关人员到会，各投标单位代表均到场。开标前，公证处人员对各投标单位的资质进行审查，并对所有投标文件进行审查，确认所有投标文件均有效后正式开标，宣读投标单位名称、投标价格、工期和有关投标文件的重要说明。

问题1：该承包商运用了哪几种投标策略？其运用是否恰当？

问题2：从所介绍的背景资料看，在该项目招标过程中存在哪些问题？

4. 投标文件编制

投标文件组成

（1）商务标。商务标部分包括公司资质、公司情况介绍等一系列内容，同时也包括招标文件要求提供的其他文件等相关内容，如公司的业绩和各种证件、报告等。

（2）技术标。技术标包括工程的描述、设计和施工方案等技术方案，工程量清单、人员配置、图纸、表格等和技术相关的资料。

（3）经济标。经济标是指与设计方案相对应的具体产品报价及报价说明。主要是预算报价部分，即结合自身和外界条件对整个工程的造价进行报价。

投标文件编制步骤

（1）编制投标文件的准备工作。

1）熟悉招标文件、图纸、资料；

2）施工现场勘察和投标预备会；

3）收集各种资料；

4）了解拟建工程项目的交通运输条件。

（2）实质性响应条款的编制。

（3）编制施工组织设计。

（4）投标报价的编制。

（5）响应投标文件的其他投标文件。

（6）装订成册。

投标报价编辑程序

（1）熟悉招标文件；

（2）制定投标策略；

（3）校核工程量；

（4）确定单价，计算合价；

（5）确定利润和风险；

（6）确定分包费用；

（7）确定投标报价。

投标报价组成

投标报价由人工费、材料（包含工程设备）费、施工机具使用费、企业管理费、利润、规费和税金组成。

（1）人工费。人工费是指按工资总额构成规定，支付给从事建筑安装工程施工的生产工人和附属生产单位工人的各项费用。其内容包括：计时工资或计件工资、奖金、津贴补贴、加班加点工资、特殊情况下支付的工资等。

（2）材料费。材料费是指施工过程中耗费的原材料、辅助材料、构配件、零件、半成品或成品、工程设备的费用。其内容包括：材料原价、运杂费、运输损耗费、采购及保管费。

（3）施工机具使用费。施工机具使用费是指施工作业所发生的施工机械、仪器仪表使用费或其租赁费。其中，施工机械使用费以施工机械台班耗用量乘以施工机械台班单价表示，施工机械台班单价应由折旧费、大修理费、经常修理费、安拆费及场外运费、人工费、燃料动力费、税费等费用组成；仪器仪表使用费是指工程施工所需使用的仪器仪表的摊销及维修费用。

（4）企业管理费。企业管理费是指建筑安装企业组织施工生产和经营管理所需的费用。其内容包括：管理人员工资、办公费、差旅交通费、固定资产使用费、工具用具使用费、劳动保险和职工福利费、劳动保护费、检验试验费、工会经费、职工教育经费、财产保险费、财务费、税金及其他费用。

（5）利润。利润是指施工企业完成所承包工程获得的盈利。

（6）规费。规费是指按国家法律、法规规定，由省级政府和省级有关权力部门规定必须缴纳或计取的费用。其内容包括：社会保险费（养老保险费、失业保险费、医疗保险费、生育保险费、工伤保险费）、住房公积金、工程排污费等。

（7）税金。税金是指按照国家税法规定的应计入建筑安装工程造价内的增值税额，按税前造价乘以增值税税率确定。当采用一般计税方法时，建筑业增值税税率为11%。计算公式为

$$增值税 = 税前造价 \times 11\%$$

税前造价为人工费、材料费、施工机具使用费、企业管理费、利润和规费之和，各费用项目均以不包含增值税可抵扣进项税额的价格计算。

三、实训成果

1. 解答

序号	任务及问题	解答
1	投标的一般程序是什么	

续表

序号	任务及问题	解答
2	投标策略有哪些	
3	投标技巧有哪些	

续表

序号	任务及问题	解答
4	投标文件由哪些部分组成	
5	投标文件对时间、内容有什么要求	

续表

序号	任务及问题	解答
6	投标文件的保密要求有哪些	
7	编制投标文件时应注意哪些事项	

续表

序号	任务及问题	解答
8	招标文件的编制步骤有哪些	
9	商务标关于废标的规定有哪些	

2. 案例讨论

互评得分:

3. 编制投标文件

编制一份投标文件（参照右边二维码里面的样本，尽可能地按照样本编写）。

投标文件范本

投标文件是衡量一个施工企业的资历、质量、计算水平、管理水平的综合文件，是评标和定标的重要依据。本次实训要求每组编制一份投标文件（每组选取一份招标文件相对应地编写投标文件，亦可老师直接指定），扫描二维码，参照样本进行编写，要求尽可能详细地完成二维码中内容。

注意：编写投标报价时，可参考以下资料数据进行计算：

人工费：瓦工、木工、钢筋工、混凝土工、抹灰工等人工费220～280元/天，普工人工费160～210元/天，具体价格可参考当地市场行情（注：只需计算劳务班组费用）。

材料费：砖0.8～1.2元/块，砂85～110元/m^3，砾石210～250元/m^3，水泥360～390元/t，石灰320～350元/t，门600～900元/套，窗户1 000～1 500元/套，木材采用复合板，180～220元/块，钢筋3 600～3 800元/t，具体价格可参考当地市场行情。

施工机械使用费：采用碗扣式脚手架，其租赁费为180～220元/（d·m^2），井架、塔式起重机、卷扬机、混凝土及砂浆搅拌机均采用租赁方式，具体价格可参考当地市场行情。

措施费：措施工程费可不考虑。

企业管理费=（人工费+施工机械使用费）×28%

利润率为12%，税金税率为4%。

项目 4　开标、评标与定标

案例导入

某民营房地产开发企业投资的商品住宅项目,总建筑面积为 36 万 m^2。招标人采用邀请招标方式进行施工总承包招标,共向 A、B、C、D 四家企业发出了招标文件,招标文件规定:"投标保证金为 150 万元人民币;采用固定总价合同;招标人和中标人在中标通知书发出后 30 日内订立合同书,合同书订立后 10 日内,中标人进场施工并按合同价的 10% 提交履约保证金。"开标后,投标人 A、B、C、D 的投标报价分别为 6 300 万元人民币、6 150 万元人民币、6 100 万元人民币和 5 850 万元人民币。

招标人与 C 企业进行了多次谈判并达成一致。随后 C 企业将投标报价修改为 5 800 万元人民币。评标委员会严格按照招标文件规定的评标标准和方法,经评审后推荐 C 企业作为排名第一的中标候选人。招标人遂向 C 企业发出了中标通知书,中标价格为 5 800 万元人民币。进场施工后,C 企业一直未按招标文件规定向招标人提交履约保证金。招标人以 C 企业未能提交履约保证金为由单方解除了双方签订的施工总承包合同,并扣留了其投标保证金 150 万元人民币。

请根据以上资料进行分析,在此次招标投标过程中哪些行为是不对的,小组内互相提问题并作答,互评得分(每组不得少于 5 个问题)。

| |
| |
| 互评得分: |

一、技能要求

（1）理解标底的概念、作用、编制方法；

（2）了解开标前的准备工作；

（3）熟悉开标的程序，并且可以真实模拟；

（4）掌握评标的程序和方法；

（5）熟悉评标委员会组成以及对评标委员会专家的要求；

（6）理解定标的原则；

（7）编写中标通知书。

二、实训内容

1. 标底

标底是由业主组织专门人员为准备招标的那一部分工程或（和）设备计算出的一个合理的基本价格。它不等于工程或（和）设备的概（预）算，也不等于合同价格。标底是招标单位的绝密资料，不能向任何无关人员泄露。

作用

标底是招标工程的预期价格，能反映出拟建工程的资金额度，以明确招标单位在财务上应承担的义务。招标投标体现了优胜劣汰、公开公平的竞争机制。一份好的标底，应该从实际出发，体现科学性和合理性，它把中标的机会摆在众多企业的面前，让他们可以凭借各自的人员、技术、管理、设备等方面的优势，参与竞标，最大限度地获取合法利润，而业主也可以得到优质服务，节约基建投资。可见，编制好标底是控制工程造价的重要基础工作。

编制方法

（1）以平方米造价包干为基础的标底。

当住宅工程采用标准图、批量建设时，可用以平方米包干为基础的标底，这种以平方米包干为基础的标底，其价格由编制单位根据标准图测算工程量、依据有关计价办法编制出标准住宅工程每平方米造价。在具体工程招标时，结合实际装修与室内设备的配备情况，调整平方米造价。另外，因为地基的情况不同，一般在±0.000以上采用平方米造价包干，而基础部分按施工图纸单独计算，然后合在一起构成完整的标底。这种以平方米造价包干为基础的标底编制方法，工程量计算比较简单，但是被限定在必须采用标准图进行施工，而且在制定平方米包干时，事先也必须做详细的工程量计算工作，因而一般不被普遍使用。

（2）以施工图预算为基础的标底。

1）单价法编制标底是用事先编制好的分项工程的单位估价表来编制施工图预算的方法。按施工图计算的各分项工程的工程量，并乘以相应单价，汇总相加，得到单位工程的人工费、材料费、施工机械使用费之和；再加上按规定程序计算出来的其他直接费、现场经费、间接费、计划利润和税金，便可得出单位工程的施工图预算价。

2）实物法编制标底是首先根据施工图纸分别计算出分项工程量，然后套用相应的预算人工、材料、机械台班的定额用量，再分别乘以工程所在地当时的人工、材料、机械台班的实际单价，求出单位工程的人工费、材料费和施工机械使用费，并汇总求和，进而求得直接工程费，并按规定计取其他各项费用，最后汇总就可得出单位工程施工图预算造价。在市场经济条件下，人工、材料和机械台班单位是随市场而变化的，而且它们是影响工程造价最活跃、最主要的因素。实物法编制施工图预算是采用工程所在地的当时人工、材料、机械台班价格，能较好地反映实际价格水平，工程造价的准确性高。虽然计算过程较单价法烦琐，但用计算机也就快捷了。因此，实物法是与市场经济体制相适应的标底编制方法。

2. 开标的时间、地点

开标，是指在投标人提交投标文件后，招标人依据招标文件规定的时间和地点，开启投标人提交的招标文件，公开宣布投标人的名称、投标价格及其他主要内容的行为。

（1）开标时间。开标时间必须在招标文件中明确，自招标文件公布至提交投标文件截止日至少有20日，提交投标文件截止日时间即是开标时间。

（2）开标地点。开标地点应是在招标文件规定的地点，已经建立建设工程交易中心的地方，开标应当在建设工程交易中心举行。

3. 开标的程序

（1）招标人签收投标人递交的投标文件。在开标当日且在开标地点递交的投标文件的签收应当填写投标文件报送签收一览表，招标人专人负责接收投标人递交的投标文件。提前递交的投标文件也应当办理签收手续，由招标人携带至开标现场。在招标文件规定的截止时间后递交的投标文件不得接收，由招标人原封退还给有关投标人。在截止时间前递交投标文件的投标人少于三家的,招标无效,开标会即告结束,招标人应当依法重新组织招标。

（2）投标人出席开标会的代表签到。投标人授权出席开标会的代表本人填写开标会签到表,招标人专人负责核对签到人身份,应与签到的内容一致。

（3）开标会主持人宣布开标会开始。主持人宣布开标人、唱标人、记录人和监督人员。主持人一般为招标人代表,也可以是招标人指定的招标代理机构的代表。开标人一般为招标人或招标代理机构的工作人员。唱标人可以是投标人的代表或者招标人或招标代理机构的工作人员。记录人由招标人指派,有形建筑市场工作人员同时记录唱标内容,政府招标办公室监管人员或政府招标办公室授权的有形建筑市场工作人员进行监督。记录人按开标会记录的要求开始记录。

（4）开标会主持人介绍主要与会人员。主要与会人员包括到会的招标人代表、招标代理机构代表、各投标人代表、公证机构公证人员、见证人员及监督人员等。

（5）宣布开标会纪律。场内严禁吸烟；凡与开标无关人员不得进入开标会场；收集各种资料；参加会议的所有人员应关闭手机等,开标期间不得高声喧哗；投标人代表有疑问应举手发言；参加会议人员未经主持人同意不得在场内随意走动。

（6）核对投标人授权代表的相关资料。核对投标人授权代表的身份证件、授权委托书及出席开标会人数。

（7）主持人介绍,投标人确认。主要介绍招标文件组成部分、发标时间、答疑时间、补充文件或答疑文件的组成、发放和签收情况。可以同时强调主要条款和招标文件中的实质性要求。

（8）主持人宣布投标文件截止和实际送达时间。宣布招标文件规定的递交投标文件的截止时间和各投标单位实际送达时间。在截止时间后送达的投标文件应当场废标。

（9）代表共同检查各投标书密封情况。招标人和投标人的代表共同（或公证机关）检查各投标书密封情况。密封不符合招标文件要求的投标文件应当场作废，不得进入评标。密封不符合招标文件要求的，招标人应当通知政府招标办公室监管人员到场见证。

（10）主持人宣布开标和唱标次序。一般按投标书送达时间逆顺序开标、唱标。

（11）唱标人依唱标顺序依次开标并唱标。唱标内容一般包括投标报价、工期和质量标准、质量奖项等方面的承诺、替代方案报价、投标保证金、主要人员等，在递交投标文件截止时间前收到的投标人对投标文件的补充和修改也同时宣布，在递交投标文件截止时间前收到投标人撤回其投标的书面通知的，投标文件不再唱标，但须在开标会上说明。

（12）开标会记录签字确认。开标会记录应当如实记录开标过程中的重要事项，包括开标时间、开标地点、出席开标会的各单位及人员、唱标记录、开标会程序、开标过程中出现的需要评标委员会评审的情况，有公证机构出席公证的还应记录公证结果，投标人的授权代表应当在开标会记录上签字确认，投标人对开标有异议的，应当当场提出，招标人应当当场予以答复，并做好记录。投标人基于开标现场事项投诉的，应当先行提出异议。

（13）公布标底。招标人设有标底的，标底必须公布，由唱标人公布标底。

（14）送封闭评标区封存。投标文件、开标会记录等送封闭评标区封存。

4. 开标的注意事项

招标人在招标文件要求提交投标文件的截止时间前收到的所有投标文件，开标时都应当当众予以拆封，不能遗漏，否则就构成对投标人的不公正对待。如果是招标文件所要求的提交投标文件的截止时间以后收到的投标文件，则应不予开启，原封不动地退回。按照《招标投标法》的规定，对于截止时间以后收到的投标文件应当拒收。如果对于截止时间以后收到的投标文件也进行开标，则有可能造成舞弊行为，出现不公正，同时也是一种违法行为。

开标过程应当记录，并存档备查。这是保证开标过程透明和公正，维护投标人利益的必要措施。要求对开标过程进行记录，可以使权益受到侵害的投标人行使要求复查的权利，有利于确保招标人尽可能自我完善，加强管理，少出漏洞。此外，还有助于有关行政主管部门进行检查。开标过程进行记录，要求对开标过程中的重要事项进行记载，包括开标时间、开标地点、开标时具体参加单位、人员、唱标的内容、开标过程是否经过公证等都要记录在案。记录以后，应当作为档案保存起来，以方便查询。任何投标人要求查询，都应当允许。对开标过程进行记录、存档备查，是国际上的通行做法，《联合国采购示范法》《世界银行采购指南》《亚洲开发银行贷款采购准则》以及瑞士和美国的有关法律都对此作了规定。

5．评标委员会

评标由招标人依法组建的评标委员会负责。评标委员会由招标人、招标代理机构熟悉相关业务的代表，以及有关技术、经济等方面的专家组成，成员人数为五人以上的单数。其中，招标人或者招标代理机构以外的技术、经济等方面的专家不得少于成员人数的三分之二，招标人代表不得超过评标委员会成员总数的三分之一。

评标专家

评标专家是指在招标投标和政府采购活动中，依法对投标人（供应商）提交的资格预审文件和投标文件进行审查或评审的具有一定水平的专业人员。

评标专家特征

（1）地位具有法律性。《招标投标法》规定："评标由招标人依法组建的评标委员会负责"。"依法必须进行招标的项目，其评标委员会由招标人的代表和有关技术、经济等方面的专家组成，成员人数为五人以上单数，其中技术、经济等方面的专家不得少于成员总数的三分之二"。这些规定，既明确专家评标是法律行为，具有相应的法律地位；又由"三分之二"的规定，阐明了专家在评标中的重要性，体现了评标的专业性、公正性和权威性。

（2）权力独立性。《招标投标法》规定："任何单位和个人不得非法干预、影响评标的过程和结果"。这说明，评标是评标委员会的独立活动，作为参与评标的专家有独立行使权力的特征。

（3）作用具有主导性。评标是一项复杂的专业活动，唯有专家在评标中发挥主导作用，才能使评标遵循公平、公正、科学、择优的原则。可以说，主导性决定了评标的方向和质量。

（4）职能具有专业性。《招标投标法》规定了评标专家的资格条件，突出强调了专业性的特点。正是依靠这些专业人才，才构筑了招标投标市场公平竞争的平台，为推动建筑市场的发展发挥了重要作用。

（5）程序具有规范性。《评标委员会和评标方法暂行规定》对评标的程序进行了严格规范，包括评标准备、初步评审、详细评审、推荐中标候选人与定标等。各地也针对使用不同的评标标准和方法，对评标程序提出了规范性意见。这一特征反映了评标专家的评标更趋科学和合理，对提高评标效率、确保评标质量具有积极意义。

（6）过程具有保密性。《招标投标法》规定"评标委员会成员的名单在中标结果确定前应当保密"，"招标人应当采取必要的措施，保证评标在严格保密的情况下进行"，"评标委员会成员和参加评标的有关工作人员，不得透露对投标文件的评审和比较、中标候选人的推荐情况以及与评标有关的其他情况"。这说明评标的整个过程是保密的。谁违反了保密规定，还应承担相应的法律责任。

（7）身份具有特殊性。建筑市场竞争激烈，评标专家成了"香饽饽"。一方面，由于有的投标企业把他们当作"特殊人物"，采取"非常手段"加以控制和利用；另一方面，个别评标专家也以"专家"自居，利用自己的"特殊身份"，在评标过程中行不道德、不公正之举。特别是在县级评标专家稀缺的情况下，这种特殊性体现得更加明显。

（8）行为具有自律性。从专家库成员的构成情况看，分散性的特点比较明显，这就要求评标专家具有很强的自律性。只有用崇高的道德标准严格约束自己，才能客观公正地履行职责。但在强调自律的同时，也不能忽视他律的重要作用。

（9）管理具有流动性。一方面，通过换届，一些年龄偏大、调离本地，或有违法违规行为的评标专家被解聘或清除，一些新评委要入库；另一方面，大部分评标专家既是住房和城乡建设主管部门的专家库成员，又是多个招标代理机构的专家库成员。由于对他们的管理和要求缺乏统一性，他们在交叉使用中养成了"游击"习气，这种"打一枪换一个地方"的流动评标模式，给管理增强了难度。

（10）结论具有实践性。中标人的推荐和确定，是评标委员会的最终结论。正常情况下，评标专家对这一结论的形成起着主导作用。但这一结论正确与否，还要经过建筑实践的检验。在以往发生的重大质量安全事故中，也有通过招标评标选定的施工队伍出了问题。这说明，评标专家的责任不只限于评标阶段，整个建筑实践才是衡量他们评标结论正确与否的试金石。

评标专家管理政策

评标专家的基本特征和应具备的基本素质，说明评标专家是一个各方面要求很高的特殊群体，对评标专家的管理也是一项复杂系统的工程，需要住房和城乡建设主管部门或招标监督部门高度重视。在目前的情况下，应采取以下基本对策：

（1）严格选拔，确保入库质量。把好选拔关，既是加强评标专家库建设的基础性工作，也是确保评标专家认真、公正、诚实、廉洁地履行职责的前提条件。由于有些地区专家资源匮乏，特别是一些专业比较冷僻，如市政工程经济类、安装工程电气、空调、智能化管理类、装饰装修类、设计类等方面满足条件的专家更是凤毛麟角，为避免专家被频繁抽取，有的住房和城乡建设主管部门或招标代理机构，在选拔评标专家时随意降低标准，把法律规定的"从事相关领域工作满八年并具有高级职称或者同等专业水平"，改为"从事相关领域工作满十年并具有中级职称或者同等专业水平"。虽然把"八年"改为"十年"，年限长了，但"高级"变为"中级"，门槛却低了；人员数量上去了，专业水平却下来了。还有的地区在选拔时，只重专业水平，不重道德修养；只看人情关系，不管实际能力，结果导致有的专家或不能胜任评标工作，或因违法、违规很快地被清除出专家队伍。县级住房和城乡建设主管部门更是因为评标专家的稀缺，而不得不违反规定吸收部分在职国家公务员和行使政府职能的专业技术人员进入专家库，出现了住房和城乡建设主管部门监督评标，而部门领导就是评标专家的怪现象。发生这些问题的根本原因，就在于没有严格依法办事，随意性大。因此，坚持依法行政就显得尤为重要。

1) 严格按照《招标投标法》的规定选拔评标专家。既不能超越法律规定随意降低标准，也不能为照顾人情关系不讲专家质量。省级住房和城乡建设主管部门应对各地，特别是县级评标专家库的组建情况，进行一次全面普查，发现问题及时纠正，达到净化评标专家库的目的。

2）住房和城乡建设主管部门应尽快组建跨部门、跨地区的综合性评标专家库。据了解，许多省级评标专家库已经建立了，但由于受异地评标食宿、差旅、报酬、安全等方面因素的制约，还没有真正发挥作用。解决这一问题的根本办法就是尽快实现网上评标，充分发挥计算机的管理优势，把评标专家的使用和管理纳入网络系统，实现由静态向动态的跨越，这样既消除了因异地评标带来的诸多不便和安全问题，又解决了各地因专家资源不足、担心反复被抽取、易被利用、随意降低选拔标准影响评标公正性等诸多问题。

3）县级住房和城乡建设主管部门不宜组建评标专家库。主要原因是专业人才缺乏，监督难度大。目前，在尚未实行网上评标的情况下，可以把县级够资格条件的专家吸收到市级评标专家库，实行统一使用和管理。这样做既保证了入库专家的资格符合法律规定，又满足了县级地方对评标专家的需求，同时还解决了管理难的问题。

（2）加强培训，打牢素质基础。评标专家的素质基础，关系到评标的公平性、公正性和权威性。虽然入库的评标专家具备相应的资格条件，但随着招标投标市场的发展变化，工程建设项目招标范围的拓宽，信息网络技术的普及和推广，建筑市场新工艺、新材料、新技术的广泛应用，评标标准及方法的不断更新和完善，加入 WTO 后，国外建筑业参与国内建筑市场竞争日趋广泛的实际情况，加强对评标专家的教育和培训就显得尤其紧迫和必要。

可以采用短期轮训的办法，小批量、多批次地对评标专家进行培训，力争每年将入库专家培训一遍并形成制度。在内容设置上，一方面，针对评标专家存在的思想道德方面的倾向性问题，搞好正面教育和引导；另一方面，请大专院校的教授、法律专家和计算机专业人士，给他们讲解相关的法律法规、计算机操作规程，组织他们学习和掌握评标的标准和方法，以及与工程建设相关的规定、标准、要求等。每次培训既要内容充实，又要便于吸收；既要有针对性，又要有实用性。在组织方法上，坚持把集中授课与参观见学相结合，把专题研讨与案例分析相结合，把专家自己讲课与大家共同讨论相结合，把成果检验与考核验收相结合，既灵活多样，又实在管用。同时，要加强素质教育和培训，以提高评标专家的政治觉悟、道德水平、评标技能等。

（3）建立制度，坚持用管并举。对评标专家监督重在制度建设。实践证明，制度才有可行性、规范性和约束力。没有以制度为载体的监督是软弱的、靠不住的监督。因此，加强制度建设，是管好、用好评标专家的重要保证。例如，可以建立建档制度、培训制度、考核制度、保密制度、评估制度、回避制度、举报制度等监管制度。制度建立后还要抓落实，既要重用，更要重管；既要有负责日常维护管理的专门机构和人员，更要建立一套完备的保障制度建设的运行机制；既要坚持以教育为主、预防为主、事前监督为主，更要严格按制度规定处理违法违规人员，以维护制度的严肃性，努力使评标专家的管理走上制度化、规范化的轨道。

(4) 强化监督，保持良好形象。评标专家良好形象的形成，一靠自律，二靠他律。他律就是自律以外的规章制度乃至法律法规及社会舆论和主管部门的监督。从实践情况看，对评标专家的监督有一定的难度，特别是在被抽取后到达指定报到地点这一时间段和评标结束后的行为。容易发生的问题主要是主动与某些有关系的投标人取得联系，进行人情交易或权钱交易，或向利害关系人泄露评标情况等。针对上述问题，住房和城乡建设主管部门在实施监督过程中，应分段采取必要的措施。在事前阶段（评标前），应加强过程控制，通过严格的时限要求、严密的程序，控制、削减不良行为的影响；在事中阶段（评标中），有必要强调对细节监督的认知，对任何一个评标专家的每个细节表现，都不能轻易放过。必须实行无缝监督，并将表现情况记录在案，为实现长效管理提供参照系；在事后阶段（评标后），要建立适时跟踪体系，通过不定期的调查、及时受理群众举报、对违法违规行为进行查处等方式，全面掌握和了解评标专家的思想动态和行为表现，发现问题依法依纪作出严肃处理。这样做可形成完整的监督链，达到多层次、高密度、全方位、全过程监督的目的，从而确保评标专家队伍的纯洁和良好形象的树立。

6. 评标的程序

评标的一般程序包括组建评标委员会、评标准备、初步评审和详细评审、编写评标报告。

组建评标委员会

评标委员会可以设主任一名，必要时可增设副主任一名，负责评标活动的组织协调工作。评标委员会主任在评标前由评标委员会成员通过民主方式推选产生，或由招标人或其代理机构指定（招标人代表不得作为主任人选）。评标委员会主任与评标委员会其他成员享有同等的表决权。若采用电子评标系统，则须选定评标委员会主任，由其操作"开始投票"和"拆封"。

有的招标文件要求对所有投标文件设主审评委、复审评委各一名，主审、复审人选可由招标人或其代理机构在评标前确定，或由评标委员会主任进行分工。

评标准备

（1）了解和熟悉相关内容：

1）招标的目标；

2）招标项目的范围和性质；

3）招标文件规定的主要技术要求、标准和商务条款；

4）招标文件规定的评标标准、评标方法和在评标过程中考虑的相关因素；

5）有的招标文件（主要是工程项目）发售后，进行了数次的书面答疑、修正，故评委应将其全部汇集装订。

（2）分工、编制表格：根据招标文件的要求或招标内容的评审特点，确定评委分工；招标文件未提供评分表格的，评标委员会应编制相应的表格；此外，若评标标准不够细化时，应先予以细化。

（3）暗标编码：对需要匿名评审的文本进行暗标编码。

初步评标

初步评标工作比较简单，但却是非常重要的一步。初步评标的内容包括投标人资格是否符合要求，投标文件是否完整，是否按规定方式提交投标保证金，投标文件是否基本上符合招标文件的要求，有无计算上的错误等。如果投标人资格不符合规定，或投标文件未作出实质性的响应，都应作为无效投标处理，不得允许投标人通过修改投标文件或撤销不合要求的部分而使其投标具有响应性。经初步评标，凡是确定为基本上符合要求的投标，下一步要核定投标中有没有计算和累计方面的错误。在修改计算错误时，要遵循两条原则：如果数字表示的金额与文字表示的金额有出入，要以文字表示的金额为准；如果单价和数量的乘积与总价不一致，要以单价为准。但是，如果招标人认为有明显的小数点错误，此时要以标书的总价为准，并修改单价。如果投标人不接受根据上述修改方法而调整的投标价，可拒绝其投标并没收其投标保证金。

详细评标

在完成初步评标以后，下一步就进入到详细评定和比较阶段。只有在初评中确定为基本合格的投标人，才有资格进入详细评定和比较阶段。具体的评标方法取决于招标文件中的规定，并按评标价的高低，由低到高，评定出投标人的排列次序。在评标时，当出现最低评标价远远高于标底或缺乏竞争性等情况时，应作废全部投标。

编写评标报告

评标工作结束后，招标人要编写评标报告，上报主管部门。评标报告包括以下内容：

（1）基本情况和数据表；

（2）评标委员会成员名单；

（3）开标记录；

（4）符合要求的投标一览表；

评标报告

（5）废标情况说明；

（6）评标标准、评标方法或者评标因素一览表；

（7）经评审的价格或者评分比较一览表；

（8）经评审的投标人排序；

（9）推荐的中标候选人名单与签订合同前要处理的事宜；

（10）澄清、说明、补正事项纪要。

7．评标的方法

最低投标价法

最低投标价法是指对符合招标文件规定的技术标准，满足招标文件实质性要求的投标，根据招标文件规定的量化因素及量化标准进行价格折算，按照经评审的投标价由低到高的顺序推荐中标候选人。最低投标价法一般适用于具有通用技术、性能标准或者招标人对其技术、性能没有特殊要求的招标项目。根据经评审的最低投标价法，能够满足招标文件的实质性要求，并且经评审的最低投标价的投标，应当推荐为中标候选人。

综合评估法

综合评估法是对价格、施工组织设计、项目经理的资历和业绩、质量、工期、信誉等各方面因素进行综合评价，从而确定中标人的评标、定标方法。

案例1

某大型工程，由于技术难度大，对施工单位的施工设备和同类工程施工经验要求高，而且对工期的要求也比较紧迫。业主在对有关单位和在建工程考察的基础上，仅邀请了3家国有一级施工企业参加投标，并预先与咨询单位和这3家施工单位共同研究确定了施工方案。业主要求投标人将技术标和商务标分别装订报送。经招标工作小组研究确定的评标规定如下：

（1）技术标共30分，其中施工方案10分（因已确定施工方案，各投标人均得10分）、施工总工期10分、工程质量10分。满足业主总工期要求（36个月）者得4分，每提前1个月加1分，不满足者不得分；业主希望该工程今后能被评为省优工程，自报工程质量合格者得4分，承诺将该工程建成省优工程者得6分（若该工程未被评为省优工程将扣罚合同价的2%，该款项在竣工结算时暂不支付给承包商），近3年内获鲁班工程奖每项加2分，获省优工程奖每项加1分。

（2）商务标共70分。报价不超过标底（35 500万元）的±5%者为有效标，超过者为废标。报价为标底的98%者得满分（70分），在此基础上，报价比标底每下降1%，扣1分，每上升1%，扣2分（计分按四舍五入取整）。各投标人的有关情况列于表4-1。

表4-1 投标人情况

投标人	报价/万元	总工期/月	自报工程质量	鲁班工程奖	省优工程奖
A	35 642	33	优良	1	1
B	34 364	31	优良	0	2
C	33 867	32	合格	0	1

问题1：该工程采用邀请招标方式且仅邀请3家施工单位投标，是否违反有关规定？为什么？

问题2：请按综合得分最高者中标的原则确定中标人。

问题3：若改变该工程评标的有关规定，将技术标增加到40分，其中施工方案20分（各投标人均得20分），商务标减少为60分，是否会影响评标结果？为什么？若影响，应由哪家施工单位中标？

案例2

某工程采用公开招标方式，有A、B、C、D、E、F 6家单位参加投标，经资格预审这6家单位均满足业主要求。该工程采用两阶段评标法评标，评标委员会由7名委员组成，评标的具体规定如下：

（1）第一阶段评技术标。技术标共计40分，其中施工方案15分，总工期8分，工程质量6分，项目班子6分，企业信誉5分。

技术标各项内容的得分，为各评委的评分去掉一个最高分和一个最低分后的算术平均数。技术标合计得分不满28分者，不再评其商务标。

表4-2为各评委对6家单位施工方案评分的汇总表。

表4-3为各单位的总工期、工程质量、项目班子、企业信誉得分汇总表。

表4-2 施工方案评分表

评委 投标人	一	二	三	四	五	六	七
A	13.0	11.5	12.0	11.0	11.0	12.5	12.5
B	14.5	13.5	14.5	13.0	13.5	14.5	14.5
C	12.0	10.0	11.5	11.0	10.5	11.5	11.5
D	14.0	13.5	13.5	13.0	13.5	14.0	14.5
E	12.5	11.5	12.0	11.0	11.5	12.5	12.5
F	10.5	10.5	10.5	10.5	9.5	11.0	10.5

表 4-3 得分汇总表

投标人	总工期	工程质量	项目班子	企业信誉
A	6.5	5.5	4.5	4.5
B	6.0	5.0	5.0	4.5
C	5.0	4.5	3.5	3.0
D	7.0	5.5	5.0	4.5
E	7.5	5.0	4.0	4.0
F	8.0	4.5	4.0	3.5

（2）第二阶段评商务标。商务标共计 60 分。以标底的 50% 与投标人报价的算术平均数的 50% 之和为基准价，但最高（或最低）报价高于（或低于）次高（或次低）报价的 15% 者，在计算投标人报价的算术平均数时不予考虑，且商务标得分为 15 分。

以基准价为满分（60 分），报价比基准价每下降 1%，扣 1 分，最多扣 10 分；报价比基准价每增加 1%，扣 2 分，扣分不保底。

表 4-4 为标底和各投标人的报价汇总表。

表 4-4 标底和各投标人的报价汇总表　　　　万元

投标人	A	B	C	D	E	F	标底
报价	13 656	11 108	14 303	13 098	13 241	14 125	13 790

（3）计算结果保留两位小数。

问题 1：请按综合得分最高者中标的原则确定中标人。

问题 2：若该工程未编制标底，以各投标人报价的算术平均数作为基准价，其余评标规定不变，试按原定标原则确定中标人。

8. 定标

定标是指招标人最终确定中标人。评标和定标应当在投标有效期结束日 30 个工作日前完成。

招标人根据评标委员会提出的书面评标报告和推荐的中标候选人确定中标人，也可以授权评标委员会直接确定中标人。中标人确定后，招标人应当向中标人发出中标通知书，同时向未中标人发出中标结果通知书，并与中标人在 30 个工作日内签订合同。

三、实训成果

1. 解答

序号	任务及问题	解答
1	编制标底需要考虑的因素有哪些？标底的编制原则是什么	

续表

序号	任务及问题	解答
2	符合性评审包括哪些内容	
3	在评标过程中,哪些属于重大偏差	

续表

序号	任务及问题	解答
4	废标有哪些情形	
5	查找一个关于最低投标价法的计算案例	

2. 案例分析

案例1：

案例 2：

3. 开标会模拟

每两组组成一个开标会现场，严格遵守开标程序，真实模拟本次开标过程。在开标过程中，教师指导、监督开标流程并且实行打分制度，评比出较好的组别，计入实训成绩中。

4. 评标报告

每组严格按照招标文件中的评标方法对投标文件进行评价、比较和分析，结合开标过程中投标人的表现选出最佳投标人。要求每组完成一份评标报告，其内容及格式可扫描二维码进行参考。

5. 中标通知书（中标结果通知书）

中标人确定后，招标人应当向中标人发出中标通知书，并同时将中标结果通知所有未中标的投标人。中标通知书对招标人和中标人具有法律效力，中标通知书发出后，招标人改变中标结果，或者中标人放弃中标项目的，应当依法承担法律责任。每组按照评标结果写一份中标通知书（或中标结果通知书）。

中标通知书（中标结果通知书）

项目 5　合同

案例导入

某汽车制造厂建设施工土方工程中，承包商在合同标明有松软石的地方没有遇到松软石，因此工期可提前 1 个月。但在合同中另一未标明有坚硬岩石的地方遇到很多的坚硬岩石，开挖工作变得更加困难，由此造成了实际生产效率比原计划低得多，经测算影响工期 3 个月。由于施工速度减慢，部分施工任务拖到雨季进行，按一般公认标准推算，影响工期 2 个月，因此承包商准备提出索赔。

问题：

（1）该项施工索赔能否成立？为什么？

（2）在该索赔事件中，应提出的索赔内容包括哪两方面？

（3）在工程施工中，通常可以提供的索赔证据有哪些？

（4）承包商应提供的索赔文件有哪些？请协助承包商拟定一份索赔通知。

一、技能要求

（1）理解合同的概念、特征；

（2）了解合同的订立方式；

（3）熟悉合同的订立过程；

（4）掌握施工合同内容；

（5）模拟合同谈判过程；

（6）编写一份施工合同（协议书）。

二、实训内容

1. 合同的订立方式

合同的订立方式是指当事人合意的外在表现形式，是合同内容的载体。《中华人民共和国合同法》第十条：当事人订立合同，有口头形式、书面形式和其他形式。

口头形式

口头形式指当事人之间采用语言对话而非文字表达的方式订立合同。如果法律没有特殊规定、当事人之间没有明确约定，当事人之间均可以采取口头的形式订立合同。

口头形式

书面形式

书面形式是指合同书、信件和数据电文（包括电报、电传、传真、电子数据交换和电子邮件）等可以有形地表现所载内容的形式。

书面形式

其他形式

其他形式是指采用除书面形式、口头形式之外的方式来表现合同内容的形式,如推定形式、默示形式等。

(1) 推定形式,即当事人未用语言、文字等表达其意思表示,但其行为已经表明双方不仅形成了合同关系,而且已经在履行合同。

(2) 默示形式,即当事人还可以采用沉默的方式为意思表示,进而使合同成立。需要特别注意的是,以沉默的方式进行意思表示,通常只能在法律有直接规定或当事人有明确约定的情况下才能适用。

2. 合同的订立过程

(1) 要约。要约是指一方当事人以缔结合同为目的,向相对人所做的意思表示。发出要约的人称为要约人,受领要约的人称为受要约人或者要约相对人。要约是希望和他人订立合同的意思表示。

要约构成要素:

1) 要约必须由特定的当事人作出;

2) 要约必须向要约人希望与之订立合同的受要约人发出;

3) 要约的内容必须具体确定;

4) 要约必须具有订立合同的目的。

要约邀请与要约的区别如下:

1) 二者的目的和功能。要约的目的是订立合同;要约邀请的目的在于唤起别人的注意。

2) 二者的内容是否明确具体。要约内容是明确具体的,而要约邀请的内容则不然。

3）二者的效力。要约是一种意思表示，要约发出后即产生一定的法律约束力；要约邀请是订立合同的预备行为，性质上属于事实行为，不具有法律意义。

案例 1

顾客甲在逛商场时看到一件时装，上前询问售货员乙："这件衣服多少钱？"乙回答："600元。"甲又问："400元，你卖不卖？"乙回答："至少500元，少了不卖。"请问本案例中，甲、乙的哪些行为是要约，哪些行为是要约邀请？

（2）承诺。承诺是受要约人同意要约的意思表示。承诺的法律效力在于，一经承诺，即告成立。

承诺的构成要素：

1）承诺必须由受要约人向要约人作出；

2）承诺必须在要约的存续期间内作出；

3）承诺的内容应当与要约的内容一致。

案例 2

甲建筑公司向乙、丙、丁、戊水泥厂发函，称："急需 X 等级水泥 1 000 t，每吨价格 300 元，货到付款。"乙水泥厂收到函件后立即回函："函收到，即日发出。"丙水泥厂收到函件后，未直接回函，但当即组织车队运输该等级水泥 1 000 t，给甲送过去。丁水泥厂收到函件后，立即回函："同意发货，款到即发。"戊水泥厂收到函件后，立即回函："同意发货，价格为300.01元/t。"请分析上述乙、丙、丁、戊水泥厂的行为是否构成承诺。

3. 施工合同

施工合同即建筑安装工程承包合同，是发包人（即招标人）

和承包人（即中标人）为完成商定的建筑安装工程，明确相互权利、义务关系的合同。

施工合同的内容由合同双方当事人约定。《建设工程施工合同（示范文本）》（GF-2017-0201）由合同协议书、通用合同条款和专用合同条款三部分组成，其中协议书附有附件《承包人承揽工程项目一览表》，专用合同条款附有附件《发包人供应材料设备一览表》《工程质量保修书》《主要建设工程文件目录》《承包人用于本工程施工的机械设备表》《承包人主要施工管理人员表》《分包人主要施工管理人员表》《履约担保格式》《预付款担保格式》《支付担保格式》《暂估价一览表》。

合同协议书共计13条，主要包括：工程概况、合同工期、质量标准、签约合同价和合同价格形式、项目经理、合同文件构成、承诺以及合同生效条件等重要内容，集中约定了合同当事人基本的权利义务。

通用合同条款是合同当事人根据《中华人民共和国建筑法》《中华人民共和国合同法》等法律法规的规定，就工程建设的实施及相关事项，对合同当事人的权利义务作出的原则性约定。通用合同条款共计20条，具体条款分别为：一般约定、发包人、承包人、监理人、工程质量、安全文明施工与环境保护、工期和进度、材料与设备、试验与检验、变更、价格调整、合同价格、计量与支付、验收和工程试车、竣工结算、缺陷责任与保修、违约、不可抗力、保险、索赔和争议解决。前述条款安排既考虑了现行法律法规对工程建设的有关要求，也考虑了建设工程施工管理的特殊需要。

专用合同条款是对通用合同条款原则性约定的细化、完善、补充、修改或另行约定的条款。合同当事人可以根据不同建设工程的特点及具体情况，通过双方的谈判、协商对相应的专用合同条款进行修改补充。在使用专用合同条款时，应注意以下事项：

（1）专用合同条款的编号应与相应的通用合同条款的编号一致。

（2）合同当事人可以通过对专用合同条款的修改，满足具体建设工程的特殊要求，避免直接修改通用合同条款。

（3）在专用合同条款中画有横线的地方，合同当事人可针对相应的通用合同条款进行细化、完善、补充、修改或另行约定；如无细化、完善、补充、修改或另行约定，则填写"无"或画"/"。

施工合同谈判的策略与技巧

合同谈判是通过不断讨论、争执、让步，确定各方权利义务的过程，实质上是双方各自说服对方和被对方说服的过程。

（1）掌握谈判议程，合理分配各议题的时间。工程建设这样的大型谈判一定会涉及诸多需要讨论的事项，而各谈判事项的重要性不同，谈判各方对同一事项的关注程度也不相同。成功的谈判者善于掌握谈判的进程，在充满合作气氛的阶段，展开自己所关注的议题的商讨，从而抓住时机，达成有利于己方的协议；而在气氛紧张时，则引导谈判进入双方具有共识的议题，一方面缓和气氛，另一方面缩小双方差距，推进谈判进程。同时，谈判者应懂得合理分配谈判时间，对于各议题的商讨时间应得当，不要过多拘泥于细节性问题，这样可以缩短谈判时间，降低交易成本。

（2）高起点战略。谈判的过程是各方妥协的过程，通过谈判，各方都或多或少会放弃部分利益以求得项目的进展。而有经验的谈判者在谈判之初会有意识地向对方提出苛刻的谈判条件，当然这种苛刻的条件是对方能够接受的，这样对方会过高估计本方的谈判底线，从而在谈判中作出更多让步。

（3）注意谈判氛围。谈判各方既有利益一致的部分，又有利益冲突的部分。各方通过谈判主要是维护各方的利益，求同存异，达到谈判各方利益的一种相对平衡。谈判过程中难免出现各种不同程度的争执，使谈判气氛处于比较紧张的状态，这种情况下，一个有经验的谈判者会在各方分歧严重，谈判气氛激烈的时候采取润滑措施，舒缓压力。

（4）适当的拖延与休会。当谈判遇到障碍，陷入僵局的时候，拖延与休会可以使明智的谈判方有时间冷静思考，在客观分析形势后提出替代性方案。在一段时间的冷处理后，各方都可以进一步考虑整个项目的意义，进而弥合分歧。

（5）避实就虚。谈判各方都有自己的优势和劣势。谈判者应在充分分析形势的情况下，作出正确判断，利用对方的弱点，猛烈攻击，迫其就范，作出妥协；而对于己方的弱点，则要尽量注意回避。

（6）分配谈判角色，注意发挥专家的作用。任何一方的谈判团都由众多人员组成，谈判中应利用每个人不同的性格特征，分别扮演不同的角色，例如，有积极进攻的角色，也有和颜悦色的角色，这样有软有硬，软硬兼施，可以事半功倍。

4．施工合同的注意事项

合同主体审查

（1）承包人应注意审查发包人的资质。对发包人主要应了解以下几方面内容：

1) 主体资格，即建设相关手续是否齐全。例如，建设用地是否已经批准？是否列入投资计划？规划、设计是否得到批准？

2) 发包人如果是属于分包人，审查其是否具有分包资格。

3) 履约能力，即资金问题。发包人的实力、已完成的工程、市场信誉度、施工所需资金是否已经落实或可能落实等。

（2）发包人应注意审查承包人的资质。

1) 承包人一般应为建筑企业法人，除内部承包之外，公民个人不能成为建设工程合同的主体。

2) 承包人应具有承包建设工程的资质。

工程范围

发包人与承包人都应当对合同工程范围的条款进行明确的约定，最好应在合同中附上工程项目一览表及其工程量。

建设工期

合同对工期约定要准确、完善，如果存在中间交工工程，对中间交工工程的开工、竣工日期，也应在合同中作出明确约定。

工程质量

（1）发包人注意如下条款的约定：

1) 施工的工程质量要符合国家现有的有关法律、法规、技术标准、设计文件和合同中规定的要求，经质量监督站核定为合格或优良；

2) 工程所用的建筑材料、构配件和设备要有出厂合格证和必要的试验报告；

3) 工程完工时承包人应向发包人提交完整的工程技术档案

和竣工图,并负责办理工程竣工交付使用的有关手续;

4)应注意工程保修的约定。

(2)作为承包人,关于工程质量条款的约定应确保己方能够满足,并且对于质量条款的约定应尽量作简单约定。

工程造价

发包人与承包人都应当注意以下事项:

(1)工程造价,应以中标时确定的中标金额为准。

(2)合同造价是双方共同约定的条款,是承包人的利益所在,价款数额及付款日期应当明确具体。暂定价、暂估价、概算价都不能作为合同价款,约而不定的造价不能作为合同价款,并且对采用的合同价款方式双方要作出明确的约定。

1)采用可调价格的合同,双方对价款调整的方法应进行明确约定,包括材料、设备价格的涨落,设计变更,降雨、台风等自然因素的影响等。

2)采用固定价格的合同,应注意明确包死价的种类。如:总价包死、单价包死,还是部分总价包死,以免履约过程中发生争议。还必须把合同风险范围约定清楚,约定具体风险费用的计算方法,双方应约定一个百分比系数,也可采用绝对值法。一般来说固定价格合同,特别是固定总价合同,承包人承担的风险往往较大。因此,双方在合同中要对相关的承包工程范围、设计图纸所涵盖的工程量进行详细约定,并对物价因素、非承包人原因引起的工程量变化(如设计变更)、地质条件变化等因素给予充分考虑,将必要因素纳入风险范围。

技术资料交付时间

承包人应注意在合同中约定发包人向承包人提供与本工程项目有关的全部施工技术资料的时间,并且约定若发包人未按时提供资料,造成的工期损失或者工程变更应由发包人负责。

材料和设备供应责任

(1) 若材料和设备供应采用承包人采购的方式,则发包人应注意在合同中详细约定以下内容:

1) 应详细填写材料设备供应的具体内容、品种、规格、数量、单价、质量等级、提供的时间和地点。

2) 应约定供应方承担的具体责任。

(2) 若材料和设备的供应采用发包人供材、发包人指定、发包人审核,则承包人应注意在合同中详细约定以下内容:

1) 应详细填写材料设备供应的具体内容、品种、规格、数量、单价、质量等级、提供的时间和地点。

2) 应约定供应方承担的具体责任。

3) 双方应约定供应材料和设备的结算方法(可以选择预结法、现结法、后结法或其他方法)。

4) 由发包人指定材料时,应将材料名称、品牌、型号、厂家、价格调整方式等约定清楚。

5) 如发包人限价时应注意约定发包人审核的程序及期限,以免耽误工期。

工程进度款的拨付

对于承包人,工程进度款的约定尤为重要。对于工程进度款,通常是按月拨付或按工程进度拨付。

（1）约定按月拨付的，支付额度为上月完成工程量的相应比例。但某些建设工程项目大量增加合同外的工作量，使工程造价成倍增长，而工程款的拨付以合同价款为基数，并根据工程形象进度付款，工程造价的不准确必然导致工程款拨付严重不足。合同外增加的价款，应约定当月签证，纳入当月拨付。

（2）约定按工程进度拨付的，应注意约定审核的时限及未能在时限内确认的违约责任，如约定"甲方应在收到乙方月进度报告后 7 日内审核完毕，逾期则以乙方送审的工程量为准"。有的发包人为了加大对审核进度款的约束，故意约定复杂的审核程序，如约定工程量审核需经项目经理、财务部长、主管经理、董事长签字并加盖公章，此时承包人应引起重视，并采取相应的对策。

违约责任的约定应具有可操作性，以利于执行。

竣工验收

（1）作为承包人或者发包人，由于工程大，或者工程数量多，因此要办理授权手续。对于双方各自的委派人员，要向对方列出名单，明确职责和权限。特别应将具有变更、签证、价格确认、验收确认等签认权的人员、签认范围、程序、生效条件等约定清楚，防止无权人员随意签字，或超出权限签字。

（2）争议管辖的约定不能违反级别管辖、专属管辖的规定，选择仲裁的，仲裁委员会的名称应当准确无误。

（3）如果合同各方对合同履行有特殊要求的，均应当在合同中予以明确约定。

质量保修范围和质量保证期

发包人应当特别注意在合同中约定建设工程的质量保修范围

和质量保修期。

无效合同

依据《最高人民法院关于审理建设工程施工合同纠纷案件适用法律问题的解释》（法释〔2004〕14号）的规定，一共有三种情况可能导致建筑工程施工合同无效。

（1）承包人未取得建筑施工企业资质或者超越资质等级的建设工程施工合同无效。为了加强对建筑活动的监督管理，维护公共利益和建筑市场秩序，保证建设工程质量安全，根据《中华人民共和国建筑法》《中华人民共和国行政许可法》《建设工程质量管理条例》《建设工程安全生产管理条例》等法律、行政法规，住房和城乡建设部颁布了《建筑业企业资质管理规定》。根据该规定，建筑业企业资质分为施工总承包、专业承包和施工劳务资质三个序列。施工总承包资质、专业承包资质按照工程性质和技术特点分别划分为若干资质类别，各资质类别按照规定的条件划分为若干资质等级。施工劳务资质不分类别与等级。

取得施工总承包资质的企业（以下简称施工总承包企业），可以承接施工总承包工程。施工总承包企业可以对所承接的施工总承包工程内各专业工程全部自行施工，也可以将专业工程或劳务作业依法分包给具有相应资质的专业承包企业或劳务分包企业。

取得专业承包资质的企业（以下简称专业承包企业），可以承接施工总承包企业分包的专业工程和建设单位依法发包的专业工程。专业承包企业可以对所承接的专业工程全部自行施工，也可以将劳务作业依法分包给具有相应资质的劳务分包企业。

取得劳务分包资质的企业（以下简称劳务分包企业），可以承接施工总承包企业或专业承包企业分包的劳务作业。

根据上述规定，承包人承包工程应当具备相应的资质。承包人未取得建筑施工企业资质或者超越资质等级的建设工程施工合同无效。

（2）没有资质的实际施工人借用有资质的建筑施工企业名义的建设工程施工合同无效。鉴于没有法定资质的单位或个人以挂靠、联营、内部承包等形式使用有法定资质的建筑施工企业名义与发包单位签订的建设工程施工合同的情况时有发生，《中华人民共和国建筑法》对此做了禁止性的规定。

根据《中华人民共和国建筑法》第二十六条规定，承包建筑工程的单位应当持有依法取得的资质证书，并在其资质等级许可的业务范围内承揽工程。禁止建筑施工企业超越本企业资质等级许可的业务范围或者以任何形式用其他建筑施工企业的名义承揽工程。禁止建筑施工企业以任何形式允许其他单位或者个人使用本企业的资质证书、营业执照，以本企业的名义承揽工程。

（3）建设工程必须进行招标而未招标或者中标无效的建设工程施工合同无效。

根据《招标投标法》规定，在中华人民共和国境内进行下列工程建设项目包括项目的勘察、设计、施工、监理以及与工程建设有关的重要设备、材料等的采购，必须进行招标：

1）大型基础设施、公用事业等关系社会公共利益、公众安全的项目；

2）全部或者部分使用国有资金投资或者国家融资的项目；

3）使用国际组织或者外国政府贷款、援助资金的项目。

为了明确上述必须进行招标项目的范围，经国务院批准，国家发展和改革委员会印发了《必须招标的工程项目规定》（中华人民共和国国家发展和改革委员会令第 16 号），对必须进行招标的工程建设项目的具体范围和规模标准做了非常具体的规定。根据该规定：

1）全部或者部分使用国有资金投资或者国家融资的项目包括：

① 使用预算资金 200 万元人民币以上，并且该资金占投资额 10% 以上的项目。

② 使用国有企业事业单位资金，并且该资金占控股或者主导地位的项目。

2）使用国际组织或者外国政府贷款、援助资金的项目包括：

① 使用世界银行、亚洲开发银行等国际组织贷款、援助资金的项目。

② 使用外国政府及其机构贷款、援助资金的项目。

3）不属于上述第1）、2）条规定情形的大型基础设施、公用事业等关系社会公共利益、公众安全的项目，必须招标的具体范围由国务院发展改革部门会同国务院有关部门按照确有必要、严格限定的原则制订，报国务院批准。

4）上述第1）～3）条规定范围内的项目，其勘察、设计、施工、监理以及与工程建设有关的重要设备、材料等的采购达到下列标准之一的，必须招标：

① 施工单项合同估算价在 400 万元人民币以上；

② 重要设备、材料等货物的采购，单项合同估算价在 200 万元人民币以上；

③ 勘察、设计、监理等服务的采购，单项合同估算价在 100 万元人民币以上。

同一项目中可以合并进行的勘察、设计、施工、监理以及与工程建设有关的重要设备、材料等的采购，合同估算价合计达到前款规定标准的，必须招标。

三、实训成果

1. 解答

序号	任务及问题	解答
1	施工合同审查常见问题有哪些	

续表

序号	任务及问题	解答
2	施工合同管理的工作内容有哪些	
3	施工合同担保方式有哪些？并且进行简单说明	

续表

序号	任务及问题	解答
4	施工合同变更的程序是什么	

2. 案例（1、2）

3. 协议书

招标人和中标人应当在中标通知书发出 30 日内，按照招标文件和中标人的投标文件订立书面合同。招标人与中标人不得再行订立背离合同实质性内容的其他协议。

协议书

4. 谈判模拟

在评标结束后，招标人组织与投标人（中标候选人）进行合同谈判，谈判的内容包括合同标的量化确认，合同标准的谈判（施工要求、技术规范、施工方案），合同价款（合同价格的组成、合同单价、合同总价、合同价款的调整方法），合同期限，支付方式等。每组进行谈判模拟，并且记录（谈判过程、结果记录可以以纸质、图片、视频等方式体现）。

5. 实训总结

通过本次实训，你在实训过程中学到了什么，学会了什么，哪些知识比较难理解，或者你对招标投标实训有什么样的体会以及建议，发挥自己的观点，写一篇实训总结，字数要求不少于500（切记抄袭，写真实感受）。

附 录

一、设计条件

1. 工程概况

本工程为陕西省石油化工局办公楼（兼单身职工宿舍），位于西安市雁塔路。该建筑物为五层（局部六层）的楼房，最高 22.45 m，平面为 L 形（将 L 形建筑物分为三个施工段，门厅 ⑭～⑱ 轴线为 Ⅰ 施工段，后楼为 Ⅱ 施工段，前楼 ①～⑭ 轴线为 Ⅲ 施工段），副楼带半地下室，总建筑面积为 6 121 m^2。

承重结构除门厅部分为现浇钢筋混凝土框架外，其余皆采用砖混结构。实体砖墙承重、预制钢筋混凝土空心板、大梁及楼梯均为现浇。为了满足抗震要求，每个楼层设置圈梁一道，在外墙内每隔 10 m 左右设置一钢筋混凝土的抗震构造柱（见附图）。设备安装及水、暖、电工程配合土建施工。

2．地质及环境条件

根据勘测报告，土壤为Ⅰ级大孔性黄土，天然地基承载力为 $15 t/m^2$，地下水水位在地表下 $6\sim 7\,m$，地表耕土层厚 $0.5\,m$。

建筑场地南侧及北侧均为已建成建筑物（见附图），西侧为菜地，以土墙为界，东侧为雁塔路，距道牙 3 m 内的人行道不得占用，沿街树木不得损伤。

3．气象条件

施工期间（夏秋两季）主导风向：偏东。雨季为9、10两个月。工程施工期间不遇冬季。

4．施工工期要求

本工程基础部分（前楼 $\pm0.000\,m$ 以下，副楼地下室 $-2.350\,m$ 以下）已完工。要求于4月1日开工，10月30日竣工。限定总工期为7个月。

5．施工技术经济条件

施工任务由西安市某建筑公司承担，该公司委派一个项目部负责。该项目部作业层有瓦工20人，木工16人，钢筋工12人，混凝土工30人，抹灰工30人，以及其他辅助工人（如油漆工、玻璃工、防水工、机工、普工）共计150人。

可供施工选用起重机有QT1-6型塔式起重机及QT1-2型塔式起重机。汽车除解放牌（5 t）外，尚有黄河牌（8 t）可以使用。卷扬机、各种搅拌机、木工机械、混凝土振捣器及脚手架板等可根据计划需要进行供应。

二、附图、附表

附表1　施工平面图数据表

序号	项 目	储备量及其他数据	面积/m²
1	红砖堆场	总量180万块，储备量为总量的1/4	
2	生石灰棚	总量330 t，储备量为总量的1/3	
3	砂堆场	总量2 300 m³，储备量为总量的20%	
4	砾石堆场	总量600 m³，储备量为总量的1/3	
5	水泥库	总量620 t，储备量为总量的20%	
6	木门窗堆放棚	160 m²	
7	脚手杆、脚手板堆场	面积为100 m²，杆长6 m板，规格为0.05 m×0.3 m×4 m	
8	木工作业棚场	作业棚30 m²，模板堆场90 m²	
9	钢筋作业棚场	作业棚40 m²，钢筋堆场120 m²	

续表

序号	项　目	储备量及其他数据	面积/m²
10	空心楼板堆场	160 m²，每块面积 4 m×0.5 m	
11	茶炉及简单灶房	25 m²	
12	卷扬机棚	每个 1.5 m×1.5 m，距井架不小于 15 m	
13	井架	每个 2 m×2 m	
14	混凝土及砂浆搅拌棚	10 m²/台，台数自算	
15	传达室	自行考虑	
16	厕所	自行考虑	
17	脚手架	双排宽 1.5 m，单排宽 1.2 m	
18	塔式起重机	钢轨距脚手架不小于 0.5 m	

附表 2　常用塔吊机械参数

机械名称	性能	台班产量
QT1-2 型塔式起重机	H=17~28 m	130 次/台班
	R=16~8 m	
	Q=1~2 t	
	轨距 3.8 m	

续表

机械名称	性能	台班产量
QT1-6型塔式起重机	H=40 m R=8~20 m Q=2~5.2 t 轨距 3.8m	130次/台班

说明：资料主要针对土建类主体结构施工，将施工平面图中前楼①~⑭轴线划分为Ⅲ施工段，门厅⑭~⑱轴线划分为Ⅰ施工段，后楼Ⓕ~Ⓛ轴线划分为Ⅱ施工段。

附表3　施工进度安排表

序号	分部分项工程名称	施工天数	附注
1	砌体墙	80	Ⅰ段3天，Ⅱ段6天，Ⅲ段5天，女儿墙2天
2	支模板	34	每施工段2天
3	绑钢筋	34	每施工段2天
4	浇筑混凝土	17	每施工段1天
5	养护	17	每施工段1天
6	安装楼板	22	Ⅰ、Ⅲ施工段1天，Ⅱ施工段2天
7	楼板灌缝	17	每施工段1天

说明：以上表中数据仅供参考，如需要可作适当调整。

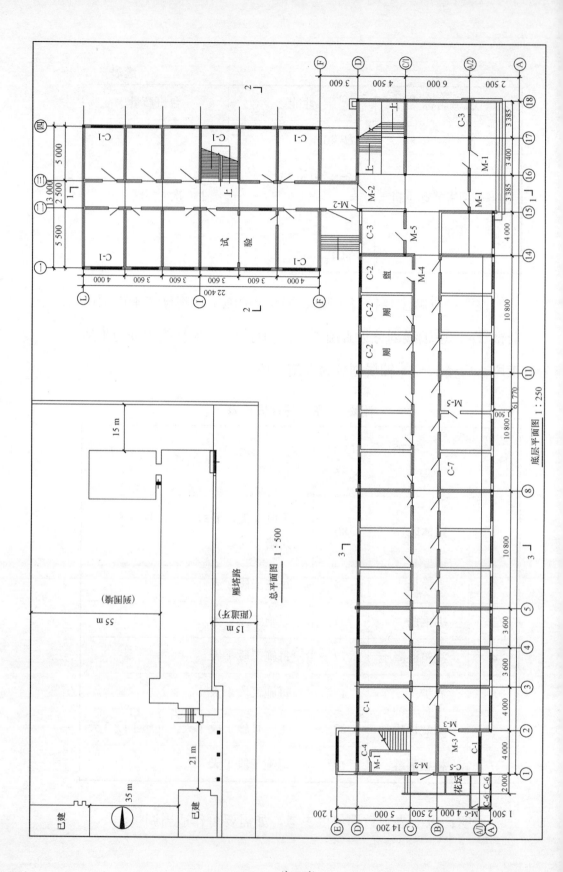

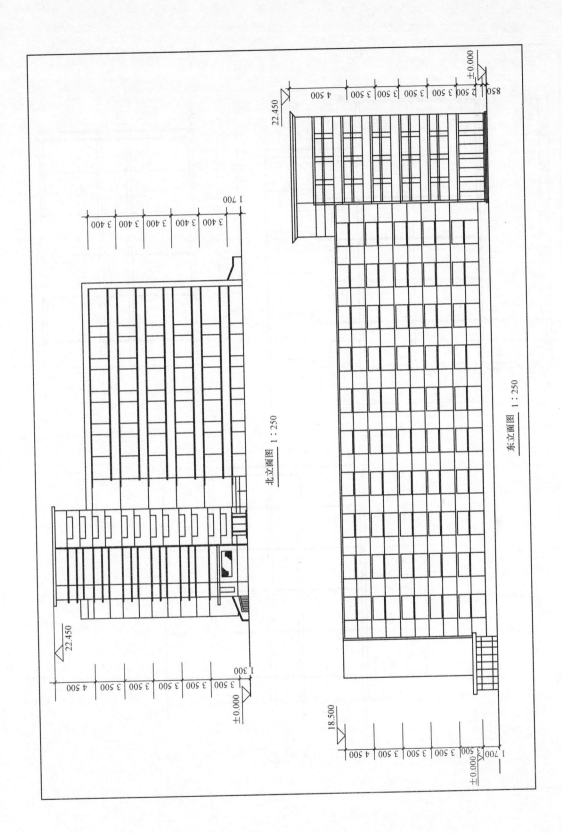

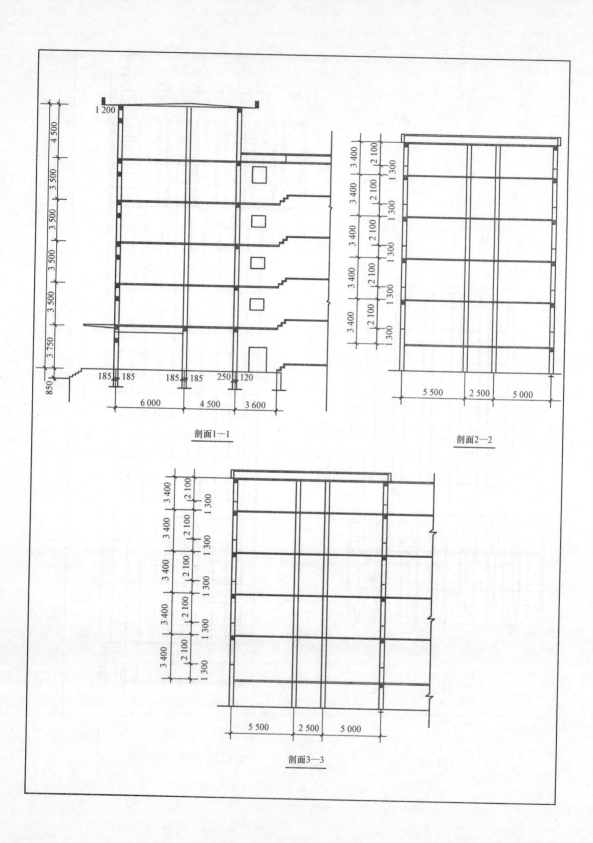

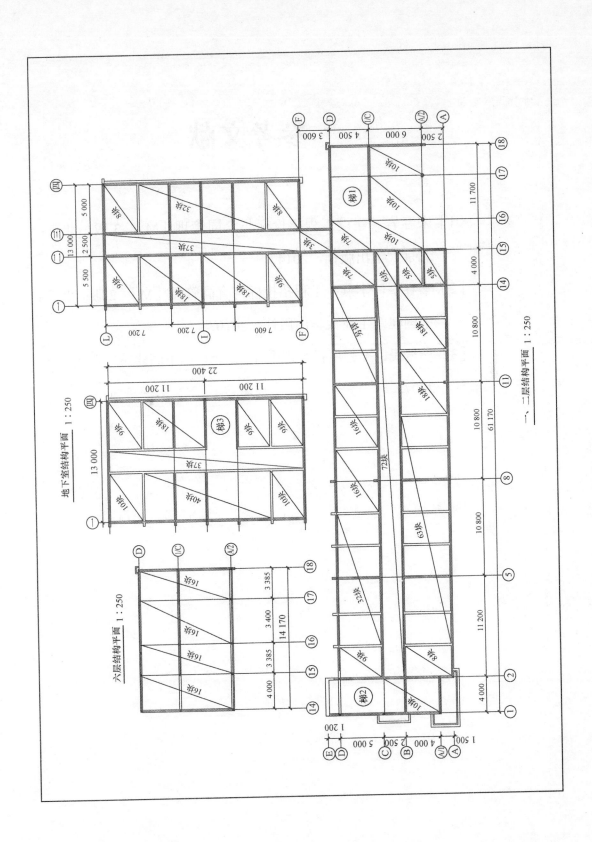

参考文献

[1] 宋春岩. 建设工程招投标与合同管理 [M]. 3 版. 北京：北京大学出版社，2014.

[2] 李春亭，李燕. 工程招投标与合同管理 [M]. 2 版. 北京：中国建筑工业大学出版社，2010.

[3] 李慧民. 工程项目管理 [M]. 北京：中国建筑工业出版社，2007.